你只是看起来很努力

李尚龙 著

北京联合出版公司
Beijing United Publishing Co.,Ltd.

任何没有计划的学习，

都只是作秀而已；

任何没有走心的努力，

都只是看起来很努力。

你以为你在合群，

其实你在浪费青春。

与众不同，

不是你错了。

很多时候，

英雄都是孤独的。

行动这件事，

从来不需要等到什么好天气好状态，

此时此刻就是永远，

此时此刻就是一切。

时间打磨完一些东西，

也会留下一些东西，

留下的，都是最好的。

如果你第一步不迈出，

就永远不知道你的梦想是

多么容易实现。

2020年序言

一个作家在很多年后翻开自己青春年少时写的文章，总会有一些不好意思，就如我刚刚翻了一遍这本书，此时此刻的感觉一样。

这本书从出版上市到今天，已经五年了。

我也从二十多岁的小伙子变成了一个三十而立的男人。

编辑说这本书已经累计卖了好几百万册，还说直到今天，依旧深受很多学生和年轻人喜欢。

谢谢你们跟我一起见证了我的青春，也谢谢你们在我的青春里找到了自己的影子。

这五年，我的变化也很大。每次做签售的时候，总有人给我讲他们的故事，有人说，看完我的书，和女朋友结婚了；有人说，看完我的书，考上了研究生；有人说，看完我的书，坚持到了最后……

但我想告诉你，这些年，我也一直在努力，没有停歇。直到写这篇稿子时，虽然已经三十岁了，但我依旧没有停下前进的脚步。

除了上课，我每天都在创作。无论状态多么不好，心情多么糟糕，我都会坐在电脑边，写几行字，读几行书。

日子一天天过，我们都是时间的仆人，但有些人，却做了时间的朋友。

许多人比较熟悉的，可能是我做过的一些演讲和写过的一些畅销书。但大家可能不知道的是，我就是一个普通的年轻人。不，应该是中年人了，但无论年纪多大，至少到今天，我还有一颗年轻的心。

毕竟，今天，永远是你以后的人生中最年轻的一天。

记得 2008 年，我考上了军校，因为父母都是军人，所以我顺理成章地“子承父业”了。

但入学第一天我就发现，那并不是我想要的生活。好在我没有抱怨和放弃，我告诉自己，生活没有给我的，我要自己用双手去获得。

在最无奈的时候，我想起小时候读过的一句话：当生活夺走了你所有的自由，你还有最后一项选择，就是选择你是否可以乐观地面对。

于是我开始苦练英语，我把自己关在房间里，每天练习四十分钟到一个小时的口语。

八个月后，我获得了 2010 年“希望之星”英语风采大赛北京市冠军，全国季军。那场英语演讲，改变了我的一生，也让我懂得了一件事：我的未来，掌握在自己手上。

后来我从军校退学，去新东方当了英语老师。那年，我才 21 岁。

教课时，我经常会遇到比我大的学生，然后还装作一副老成的样子，故作镇定地在课堂上说："我像你们这么大的时候啊……"

其实后来发现，那时之所以这么说，还是因为对自己专业知识的不自信。

于是，我开始把每节课的内容写成逐字稿对着墙一遍一遍地讲到滚瓜烂熟，后来在课堂上我就不怕再遇到比我年龄大的学生了，因为没有人比我更熟悉我讲的这门课。有段时间，每天要教十个小时的课，白天上课，到了深夜还要备课。第二天又要调整好状态，因为害怕学生比我状态还糟糕。

那时学生跟我开玩笑说："你怎么不洗头。"我总是回答："我交不起水费。"

只要努力，总会有收获。

在新东方当老师的第二年，我的评分是全部门的第一名。

可是在当老师的几年里，我觉得生活像是上了发条，每天循规蹈矩，说实话，挺枯燥的。于是在 2015 年，我和两位同事一起辞职，离开了新东方，开始自己创业，做了四六级考研的在线教育平台"考虫网"。

直到今天，"考虫网"已经影响了几百万的大学生了。

创业初期很苦，我经常把苦水写到文章里，贴到网上，引起了很多共鸣。

还记得当时创业的时候，有一个编辑私信了我，问我想不想出书。我说我才 20 多岁，不想写回忆录。她劝了我好多次，我说我是有原则的。她说我们可以给你预付四万元稿费，我说那也行，毕竟那时连房租都交不起了。

后来这本书出版了，就是这本《你只是看起来很努力》。

再之后的几年，我从来没有停歇过，我一边创业一边写作，如今，我的很多小说都被改成了电视剧和电影。我们公司也在 2018 年获得了腾讯的 D 轮融资。

五年前，我从来没有想过自己会有这些成就，现在我也不觉得自己拥有的这些是什么成就。因为 30 岁，一切刚刚开始。

在我写这篇序言的一周前，我收到了长江商学院给我寄来 MBA 的 offer（录取通知），接下来，我会继续回到学校深造学习，去接触我不懂的领域，去学习我能学习到的知识。

嗯，就说这么多吧。

希望你在 30 岁的时候，也能像我一样，写下类似我曾经在日记里写给自己的这段话：

因为路程还远，所以我不会停歇。

因为时间残忍，所以我永不松懈。

因为有爱，所以选择温柔而坚定；因为有信念，所以永远忍耐且坚持。

祝大家阅读愉快。

2020 年 10 月 21 日星期三

2017 年序言

你们好。

这本书写作于五年前，那时我和你一样，对世界充满着好奇，对未来充满着渴望。

因为无知，所以更加敬畏；因为不懂，所以更想去探索；因为年轻，所以义无反顾。

我记得那年，在线教育蜂拥而至，我刚从新东方辞职，对互联网教育一无所知。

于是，我和我的两位好朋友成立了考虫，又和另外几个朋友成立了电影工作室。那时，我用光了所有积蓄，觉得破釜沉舟，才有可能共进退。

青春里应该吃的苦，其实一次也逃不掉，我依稀记得连房租都交不起的日子，也记得下馆子点菜永远看价钱的时光，那些日子，让我明白，度过生存期，才能谈梦想。

就在那个时候，我写了这本书，这是我平时对青春的思考，对生活的随笔,有些在网上传播得很广,有些只是我写给自己看的心得。

这些稿子，汇成了一本书。

当时，出版社找我出书，我是拒绝的，因为我从来没想到自己会在这个年纪写书，写书应该是老年人干的事情，我还这么年轻，不想英年早逝。

后来经济的压力还是让我屈服了，出版社给我结算了四万块钱，那成了我应急的收入。

谁也没想到，往后的日子里，这本书会成为许多青年人枕边、公交车上、课后、宿舍里的读物。

因为真实，所以更加被人珍重。

许多人告诉我，这本书对他们的意义重大，改变了他们的习惯，有些人从来不读书，在读完我的书后他们开始读其他的作品。

因为文字，他们变得更坚强；因为阅读，他们觉得不孤单。

但他们不知道，这本书对我的意义，更重大。

这本书带我走进了文学的世界，我开始明白，通过记载，通过书写，可以留下当时的思想，可以让自己进步。

这些年我写了三本书，主编了一部作品。

回看这本书，也有一些不成熟的见解，但所有内容都真实勇敢，像极了我那时的青春。

这些年，我已经从一个英语老师变成了青年导演，在财务自由的同时，我依旧喜欢喝酒，依旧喜欢和朋友聚会，依旧喜欢在马路边的大排档吃串，依旧每次读到第一本书的文字时，都能想到一无所有的时光。

我记得这本书刚出来时，我自费跑遍全国各地的场景。

我记得我和我的助理小宋蹲在一所学校门口吃着拉面，吃完就进教室演讲的场景。

我记得一场签售会只来四十个人的场景。

我记得我抱着粉丝送我的一只大熊挤地铁的场景。

我更记得那些面孔：一位老者说让我给他的孩子签个名，一位军校生说他想过另一种人生，一位女士说她会一个人带着孩子走下去……

有人说感谢我的文字，但我更想说：

谢谢你们的陪伴，因为有你们，才有了现在更坚强的我。

在这本再版书中，我又加了一些新的文字，修改了现在认为不太成熟的观点，当这本书的封面再次呈现在我面前时，我开始明白：青春一直在，只要你还在勇敢地努力。

那么，见字如面，就让这本书里的文字，陪伴你成长吧。

李尚龙

2017 年 7 月 27 日

2015 年序言

五年前，我拿着一个刚写好的剧本给投资方看，和他们喝了一个下午茶，聊了很多。我走出咖啡厅，僵在脸上的笑容却再也舒展不开了。的确，我被拒绝了。

那时的我，在大街上痛苦着。心想，我这么努力，为什么还是没人能认可我的故事，这世界靠努力还有用吗？凭什么他们的出身条件比我好，不用为生存期发愁？凭什么他们有这么好的机会，而我没有？凭什么？凭什么？

我到家时，已经是晚上十一点了。打开灯的刹那，我忽然明白了一个道理：既然抱怨没用，为何不收拾行囊继续起程？既然积极向上是一天，自暴自弃也是一天，为何不充满希望地活着？既然无可避免地到了晚上，为什么不用自己的手把灯打开？

我更明白了，其实自己曾经的那些努力，都只是一些假象，都只是看起来很努力。

看似每天都去自习室带了很多书，却还带了手机；看似晚上学到很晚，却只是在发呆；看似在健身房锻炼，却仅仅拍了两张照片发朋友圈……没有计划的学习都只是浪费时间，没有目标的努力都只是自己骗自己而已。

逐渐地，我开始每天给自己制订计划，每个月给自己设定目标，不为别人、不为表象地努力。路一步步地走，走得很慢，但没有停。

直到今天，我终于懂得了，那些曾经的动力，那些过去的用心，其实都是有回报的。只是，你是真的走心了，还只是做做样子？很多时候，一个跪着行走的人，不代表他今后一定会站起来，但一个思考过自己为什么现在会跪着的人，今后一定会像巨人一样，潇洒地立起来，俯瞰这个世界。苏格拉底曾经说过“不自我检验的生活，不值得一过”，而我觉得，不明不白地努力，更不值得。

如果你也和我一样，是一个坚信靠自己的双手能改变命运的人，那么，你应该会喜欢我的文字，喜欢我的观点，喜欢我给你讲的故事，喜欢书里的这些人。

这本书中，很少有一些无济于事的心灵鸡汤。很多鸡汤，只是在为你现在的颓废状态找借口，为你的迷茫寻觅理由。其实并不是每件事都能慢慢来，并不是每个人上天都会给他最好的安排，并不是每个傻傻努力的人都能实现自己的梦想。

这本书的文字，没有无聊的励志，都是发生在我自己和朋友身上的一个个鲜活的故事。这些故事的背后，倒映着生活，倒映着我们。它们会告诉你，“只是看起来很努力”的生活状态是可怕的；它们会告诉你，对待自己的好朋友不要口不择言，因为“再好的朋友，也经不起你过分的直白”；它们会告诉你，逆境并不可怕，不要为了合群而合群，因为“你以为你在合群，其实你在浪费青春”……

书里的这些人，和你我一样，都是普通人，只是他们身上发生了一些不普通的故事。我作为一个旁观者，默默地看着这些平凡而不平庸的故事，安静地想着这些孤单但不孤独的情节，时而感动，时而热泪盈眶。李安曾经说过：“我们的生活需要讲故事，要不然生活就会像π一样无止境下去。”很荣幸，我有机会见证他们，并记载他们身上发生的一切：背井离乡追梦的月月，名校休学的小女孩，抛弃稳定生活的南，对爱不离不弃的飞……

写这些文字的时候，经常在夜晚，或许你翻开这本书的时候，也是在夜晚。台灯照着每一个努力的面庞，照亮了内心的宁静，或许也照亮了你的泪光。其实没事，谁没有在深夜痛哭过？但你要相信，正在努力的你并不孤独，其实，努力的人从来没有孤独过。

所以，或许你和我一样，都相信努力奋斗的价值，都坚定地明白青春就是用来折腾的，都清晰地知道梦想是多么伟大。那么，如果有梦，梦要够疯，够疯才能变成英雄。

当得知这本书能出版的时候，我的内心深处充满暖暖的感动和感激。感谢喜欢我文字的每一位，因为你们，这本书才能拨云见日，也因为你们，我的码字才有了意义，感谢你们给了我勇气和力量。

李尚龙

你只是看起来很努力”

目 录

Part 1

你只是看起来很努力

Part 2

不后悔，就值得

Part 3

下次告别，就再用心一些吧

Part 4

让读书成为一种习惯

Part 1

你只是看起来很努力

看起来每天熬夜，却只是拿着手机点了无数个赞；

看起来起那么早去上课，却只是在课堂里补昨天晚上的觉；

看起来在图书馆坐了一天，却真的只是坐了一天；

看起来去了健身房，却只是在和帅哥、美女搭讪。

看到的都是光鲜，看不到的都是苟且

一

火车开动的刹那，我看见身边一个西装革履的大叔瞬间流下了眼泪。他拿出手机狠狠地拍了张窗外的照片，照片上印着家乡的风景，像火车开动，他就很难再看见。他坐的是一等座，从穿着打扮来看，他应该是所谓的成功人士，一双发亮的皮鞋，一个名牌包证明着他的地位和身份。

那他在哭什么，为什么会流泪？是不愿意离开家，还是有什么难忘的故事？

路上，是我先打开了话匣子，一聊就聊 high了。

他是一家外贸公司的老总，十年前到北京打工，到北京前刚结婚，结了婚就异地，老婆生孩子时自己不在身边，因为他正在谈一桩很重要的生意。

那时他年纪轻轻，只知道拼命工作，却不知道家人对自己的重要性，在妻子最需要自己的时候不在她身边，后来妻子大出血，没有保住孩子，那成了他一辈子的悔恨。

他说：“现在工作稳定点了，把妻子接到了北京，她在北京不适应，待了两周就回了家，现在啊，自己就想多回家陪陪家人，可是工作还是忙，每次走都有点不舍得。可能过了今年就好了。”

他操着一口没有乡音的普通话，完全听不出他从哪里来，他在北京最繁华的国贸工作，那里高楼大厦、车水马龙、人来人往、热闹非凡。

他出行有司机，回家有保姆，早已衣食无忧，却一直想着远方的妻子，无能为力。下车前，他跟我说：“尚龙，其实我还是想回家，在外无论多么光鲜，其实都不过是看起来而已，那些看不到的苟且，都只有家人能体会到。”

他说这句话时，我心里很酸，忽然想到几年前看过的一句话：看到的都是光鲜，看不到的都是苟且。

可是，那些苟且，却只能被最亲的人看到，或者烂到自己的肚子里，没人知道，像蜡烛，心在烧，却照亮着周围，温暖着身旁的人。

二

这些年我特别受不了别人讲一句话："他不过是运气好才有了今天的成就。"尤其受不了他再加一句，"我要是有这种运气……"

这世界上没有毫无理由的横空出世，所谓的运气好，不过是因为他们时刻准备着而已，那些苟且的时光，那些苦痛的日子，他们不是没有经历，而是你不知道。

既然不知道，就闭嘴，尊重那些人曾经默默的努力。

2008年，我认识了瞿哥，那时瞿哥还在一家英语培训机构当顾问，每个月的工资交了房租就只勉强够吃饭，交不起女朋友，甚至不敢和朋友出去聚餐，每次聚餐前都会问清是不是有人请客。

这些年在北京我们互相照应，我看着他一点点地进步，为了一个单子在大雪天去客户家，为了一个项目开会到凌晨，为了一堂课去很远的地方出差。

几年后，他调到上海，接着，又升职到杭州，成了一所分校的校长。

去年我签售，到瞿哥单位"践踏"。

我刚到他办公室时，从远处再次听到瞿哥又在大声地说着今年的计划，我心想：这暴脾气，还没变呢。

开完会，员工们从我身边走过，一个员工小声地说："瞿总认真起来真帅。"

另一个员工不满地说："还不是运气好，我要是有他这么好的运气，我现在也是校长……"

我看了一眼这位员工，笑了笑，摇了摇头。

那天晚上，瞿总跟我叙旧，我们聊到了那时的一无所有，聊到了艰难时刻的希望，他跟我说了一句话，我至今无法忘怀："跪着的生活不可耻，重要的是现在跪着，是为了以后更好地站起来。"

的确，现在做的所有不愿意做的事情，现在经历的所有难熬的日子，都是为了以后能在人群中发光。人们会看到那些光芒，而不会看到你之前受过的伤。

三

我曾经写过一篇文章——《你总要度过生存期，才能谈生活和梦想》。

在刚起步时，不要总是虚无缥缈地想着去搭建空中楼阁，因为所有没有经济基础的梦想，看起来都那么不靠谱，先就业再择业的态度，才是更应该选择的。

我们总是更容易看到那些到了远方的人，却没看到他们背后做的准备，每次说走就走的旅行背后，是一笔说取就取的款子。

我们总是更容易看到那些企业家花钱如流水，却没看到他们也曾经在大城市的夜晚骑着自行车，一个单子一个单子地跑着。

我们总容易被光芒吸引，却不知道每个人前显贵的人，背后跪过多少次。

那些倒霉的日子，我们往往看不到，可不代表他们没有经历，不代表他们没有看清。

所以我们没有必要羡慕嫉妒那些光亮的人，更没必要自怨自艾，那些不过是人生的不同阶段，都会过去，都会更好，只要你还肯相信努力的意义，相信生活能靠双手改变。

打不倒你的，只会让你变得更强。

放弃无用的批判

一

我走在灯火辉煌的台北街头，路过 101 大厦的购物中心，门口一对情侣正在吵架，准确来说，是男生在骂那个女孩子。

男生骂道："就是你，使劲买吧，最后一班捷运（地铁）没了吧？"

女孩子委屈地说："对不起啊，还不是因为钱包不见了。"

男生继续骂着："你每次都没有时间概念，天天浪费时间，买起来就忘我了，上次你也是，上个月也是你慢了，你到底要怎样？还有，你的钱包不能放好吗？总是乱放，什么都乱放，丢了吧，你再看看上次……"

女孩子继续道着歉。

男生不依不饶，翻着过去的事情，谩骂着。

终于，女孩子也生气了，喊了一句："你是不是男人？"

他们继续吵着，任凭路边许多空的士飞驰而过，女孩子持续辩解着，男生忘我地批判着。我插着兜，看着这个滑稽的情景继续着，忽然心想：明明已经晚了，当务之急应该是打一辆车走，或者报警找钱包，翻过去的事情，谩骂责备身边的人，有用吗？

可惜的是，我们许多人，都不懂得这些无用的批判其实是最有害的。

其实也好理解，这个时候，责备身边的人，是最容易的。

同样的故事不仅发生在情侣中，也发生在许多家庭和公司里。

一个孩子拿着考了59分的卷子从学校回来，把卷子给父亲看，父亲放下筷子，拳打脚踢，母亲高压加棍棒，孩子被打得鼻青脸肿。第二次你以为孩子就能及格吗？

不会。孩子会把卷子藏起来不给家长看。

一个优秀的下属因为失误得罪了一个客户，一桩生意被毁掉，他回到公司被领导当着所有人的面劈头盖脸地骂。可是，这样那个客户就会回来吗？

不会，客户不仅不会回来，公司还会损失一名优秀的员工，多一个竞争对手。

你看，无用的批判导致的就是恶意情绪的蔓延，接下来，恶性循环，戾气泛滥、叠加。

所以，什么才是有效的批判呢？

二

其实很多时候我们批评别人时都带着情绪，只要带着情绪批判别人，就很难对事不对人。

因为人是能感受到情绪的，而事情不会。

有效的批判应该是这样的，责骂前首先思考：这些批评，会不会对结果有帮助？

比如那对情侣，如果男生在发作前先思考一下：我的发作会不会让我们找到钱包，能不能让时光倒流赶上捷运？

如果不能，就赶紧想其他解决方案。

过分地发作，一定会让彼此更难过，女孩子受到责骂后，心情更不好，自然也就发飙了。

她晚上睡不好，第二天上班精神状态不好，工作失误，继续被领导骂，恶性循环，让一件事情变成另一件事情。

有人也许不赞同我的观点，谁说骂那个女生没用，骂她可以让她长记性以后别这样了！

太可笑了，丢了钱包和错过了捷运已经足够让那个女生长记性了，公开场合责骂女人只会让路人觉得这个男人没有担当。

可是，如果那个男生没有批评这个姑娘，而是选择去安慰她：钱丢了没事儿，我们找找，找不到我来赚，都会解决的；捷运错过了，下次我们一定看着点时间，这次我们打车回家吧，刚好咱们好久没打车了，对吗？刚好我们好久没看过台北的夜景了，对吗？

如果这样，结果会不会更好？

还有那个考低分的孩子，每个孩子都不想考低分，谁不愿意皆大欢喜呢？

他愿意把分数给父母看，是因为他想让父母帮助他一起解决问题，下次争取考高分，而不是听父母的责骂、受父母的鞭笞。

打骂能改变过去的分数吗？能改变将来的分数吗？

聪明的父母，一定会明白，棍棒下不会出孝子，责骂下不会出天才，只有鼓励、表扬和爱，能让一个孩子茁壮成长。

有人说，考这么低的分，还好意思让我表扬？

可是，孩子考试出问题，家长没责任？

这种无效的打骂，除了爆发了情绪，一无所用，还会让孩子觉得父母不爱他，只爱分数。

再说说那名丢了客户的员工，每个公司都会出现同样的问题，失误常常有，任何优秀的员工都会有出问题的时候，何况，得罪客户，还不一定是员工的问题。

当员工丢了客户，一个正常领导不应该立刻责骂，而应该思考两件事情：一、怎么丢的；二、是否可以挽回。

分析怎么丢的，为了下次别丢了，如果能挽回，就尽全力去挽回。

责骂员工，只会给员工一种领导唯利是图、胳膊肘向外拐的感觉，这种领导，用一次次的责骂，证明了自己的无能。

这才是大忌啊。

有人说，可是我控制不住自己的情绪，就想骂，怎么办？

其实很多时候，在批判别人之前，自己找个没人的角落，深深地吸一口气，闭上眼冷静一会儿，效果真的能好很多。

三

我曾经写过一句话：负能量鞭笞这个世界的不公，而正能量是鞭笞不公后提供解决方案。

两者只差一步，就变成了正能量和负能量的本质差别。

我再讲一个故事：

在一个饭桌上，我和一位名嘴聊起了天，他从中国台湾地区领导人到街边摊都骂了一通，他骂得兴起，周围的人不敢得罪他，就看着他骂，只有我问了一句："那您有解决方案吗？"

他愣了一下，没说话。

我继续说："可能您没在那个位置，说不定那些人也有自己的苦衷和逻辑。"

他没理我，继续骂着。

饭后，另一个朋友小声跟我说：“听他喷人这么久，你今天这句话终于让我找到他的病根了。”

我说：“什么病根？”

他说：“批评别人必然是简单的，挑别人的错也必定是容易的，只是，批评本身应该是为了提供解决方案，让这个世界变得更好，如果为了批评或者为了凸显自己的思想去批评别人，真的好讨厌哦。”

我点点头。

这些年，我们在网上看到了许多人对一些事情的点评和批评，他们批评得起劲，甚至进行人身攻击，胡乱抨击，坐在键盘前表达着自己的意见，可是，这些批评并没有提供任何解决方案，只是在发泄情绪，弄得网络世界乌烟瘴气，成天用道德审判着别人。

那些批评，不仅没让世界变好，反而变坏了。

得不偿失啊。

所以：

不以改变结果为目的的批判，就是无效的批判。

不提供解决方案的责备，就是无用的责备。

放弃无效的责备和批判，也是一种传递正能量的方式啊。

要么出众，要么出局

一

大学时期我参加英语演讲比赛，进入赛场后，评委走来说："今年的赛制变了。"

在此之前，比赛的逻辑很简单，当你演讲结束，评委和嘉宾开始打分，按照分数高低去评判，每个人在出分之前，都不知道自己的名次。

可是那次，比赛规则全部变了。

评委的面前，只有两盏灯，一盏叫作通过，另一盏叫作离开。

没有中间选项，没有待定，要么出众，要么出局。

那次比赛之后，我仔细观察了许多电视节目，几乎都变成了这个模样，要么入选，要么淘汰。

观众看得简单，评委选得艰难，虽然形式各异，但是总体的趋势都变成了一个样子：yes or no，I want you or I don’t want you.

我曾经问过一个电视人：“为什么这么残忍，搞个待定让人舒服一点不行吗？非要这么残忍，直接就 yes or no 了，搞得人那么下不了台。”

他跟我说了一句话，我永生难忘：“难道生活不就是这样残酷吗？”

二

这个世界其实真的很残酷，人就是这样，要么出众，要么出局，没有中间选项。

现实中总有一些中庸的片段，让人能舒服一些，可是这些中庸的片段增加了我们生活的温度，同时也增加了复杂性，揭开这些中庸背后的逻辑，背后从来都很残忍。

我的一个朋友来北京找工作时投了几份简历，他最喜欢的是一家做风投的公司，那次面试结束后，他听到对方说：“你回家等消息吧。”

他回到家，焦急地等待着，直到其他几家公司都给他发来了offer，希望他尽快入职，但他依旧没有等到那家公司的邮件。他发邮件给那家公司，也没有一个准确的回复，直到他通过那个公司内部的朋友得知自己早就落选了。

他很生气地抱怨："为什么不给我发个邮件明确告诉我我被拒绝了？明确告诉我不就行了，为什么非要拖着我，害我差点把别的公司拒了？"

我想，这是大多数公司的逻辑，没有消息就是被拒绝了，可是，难道发一条拒绝的消息这么困难吗？难道说一句"不好意思，你出局了"这么艰难吗？后来我发现，确实很艰难。拒绝意味着敌意，敌意代表着树敌，所以，在找工作这个领域，除了出众和出局外，多了第三个选择：待定。

待定的逻辑，其实基本就是没戏了。这个选项本身不存在，但是因为怕得罪人，所以才给了别人一线希望。

但这线希望背后，将有可能是更大的失望。

同样的逻辑还存在于恋爱中，这些年，我见过许多条件不错的男生女生都有备胎，备胎逻辑让我一直十分不解，对于一个被追求的男生或者女生，难道不应该喜欢就答应，不喜欢就直接拒绝吗？

不是。

我们还有第三个逻辑，就是待定。我见过一个女生跟男生说："我不讨厌你，但如果你愿意等我玩儿够了再回来，我们到时候就在一起。”

天啊，天底下还有这样的逻辑吗？

更诡异的是，那个男的还同意了，不仅同意了，还屁颠屁颠地接了盘，两个人结了婚。

我所得知的是，后来男人在结婚几个月后就提出了离婚，理由是他也没玩儿够。

我所理解的爱情应该是简单的，要是喜欢，就奋勇直追；要是不喜欢，就别吊着别人，尽快拒绝。中间选项害人，让人上不去下不来，你明明可以改变情感导向去喜欢另一个姑娘，可是你一想，你的女神还给着你机会呢，你要好好表现，老实地等，当好备胎，不就能在一起了吗？

等着等着，等到了女神结婚的消息。

所以，真实的世界里，没有折中选项，要么出众，要么出局。折中的选项，让世界变得复杂，甚至让人迷茫，你可以表达这种思想，但你千万不要相信，你总要站一边，要不然就更迷茫。

就比如我曾经问一个朋友：“你想吃什么？”朋友说：“随便。”我说：“那你想去吃肯德基吗？”他说：“肯德基有什么好吃的？”我又问：“那麦当劳可以吗？”他说：“麦当劳有什么好吃的？”我继续问：“那你想吃什么？”他说：“随便。”

那么，这就不是随便。

你有想法，就要表达出来，就好比别人问我：“李老师，您有什么忌口吗？”我一定会说：“不好意思，我不能吃辣。”

我一定不会说：“随便。”

三

你可能说我极端，说我们就是在这个极端的世界里变坏的，所以，中庸永远是最好的方式。

的确，看起来应该是这样，可是，我们也就是在这样一个环境和思维下变得迷茫，变得里外不是人的。

比如晚上要加班，女朋友又闹着要一起吃饭，你到底应该选择什么？

中庸的逻辑就是你加班到十点，然后陪女朋友吃夜宵。

你以为两个人都不得罪，其实老板会怪罪你，为什么其他人加班到十一点，你提前了一个小时走；女朋友会抱怨，为什么你这么晚才来陪自己。

其实你真的可以跟女朋友说：“不好意思，今天加班，明天我一定陪你。”也可以跟老板说：“我女朋友今天生日，她对我更重要一些，你随便扣钱吧。”

看似得罪了一方，其实自己减少了很多痛苦，你完全可以协调得更好。注意，我没有否认中庸，只是当世界本身就复杂时，你选择走中间的路，却难走了很多。

有时候，减少几个选项真的能帮你很多，人就是一个不停纠结、不停选择的动物，年龄越大，越应该在生命中做减法：减少一些不走心的朋友，减少一些没必要的信息，减少一点让自己不开心的生活方式。

毕竟，我们每个人都不可能顾及每一个人，你要学会去做选择，选择，能让你减少很多麻烦。

我们都有这样的时刻：摆在我们面前的两条路，应该怎么选择。

许多人都在两条路上徘徊着，或者自己开辟了一条中间的路，走得累，走得慢，还走得痛苦，为什么不能选择一条，勇敢地走，忘掉另一条呢?

要知道，最坏的选择就是不选择。

有人会问，如果两条路，非要选择一条，不让我走中间的路，走错了怎么办?

其实这就是人生，选择了就拼命往前，放弃了就不要后悔，何况，没有一条路是白走的，有些路就算没有理想的结局，这条路周围的风景，也是这辈子最美好的记忆。

所以在做这件事情之前，你必须暗示自己：要么出众，要么出局。

这样义无反顾地前行，才会有更好的收获。

四

再举一个例子。

曾经有许多学生问过我应该考研还是应该工作，而且他们问我的时间，往往是在10月，要知道，12月考试就开始了。

他们放弃不了不上不下的工作，也放弃不了已经迷糊复习两个月的考研复习，时间又很紧迫，于是，他们选择折中的方式：一边工作，一边考研。白天工作疲惫不堪，晚上看书三心二意，到头来，被领导辞退，考研还失败。

许多人的思维就是这样，在做一件事情之前，没有破釜沉舟的决心，又什么也不肯放弃，寻找着中间选项，然后小心翼翼地前行，这样的结果往往会患得患失、没尽全力。

可是，你是否发现，当你最后几个月背水一战，或者咬紧牙关努力工作时，胜算自然就大了很多，当然，你可以说，要是我这么做失败了怎么办。

但至少你尽了全力，不后悔了，总结一下自己失败的原因，擦亮武器，迎接下一场战斗。

另外，你这么年轻，为什么怕失败，大不了从头再来，大不了大器晚成。

所以，其实这就是年轻时最好的选择：要么出众，要么出局。

选择了就坚持，放弃了就别后悔，选择一条喜欢的路，义无反顾地走，哪怕遍体鳞伤、鼻青脸肿。自己选择的路，跪着也要走完。

生活没有中间选项，没有捷径，就算有，也是你走到终点时，回头隐约看到的那条小路。

可是，无论路多么绕，路边的风景，永远是不可替代的最美的经历。

要学会避开弱者思维

一

前些天忍无可忍，终于拉黑了一个朋友。

朋友是亲戚介绍的，来北京半年了还没找到工作，其实不是找不到，而是眼高手低，好的找不到，差的不愿去。

我很喜欢把我的朋友互相介绍，毕竟在一个网状结构的朋友圈里相互认识，才不会在大城市里变得那么冷漠。半年前，我带着他参加一个哥们儿组的局，哥们儿年轻有为，是一个公司的 CEO，人很厉害，刚刚 26 岁，就有了自己的团队，公司成立一年就开始盈利，我希望和他的谈话能激励这位朋友。

我像个小学生一样在一边取经，他也打开了话匣子，继续说着。

忽然，朋友问了一句："那你爸妈是干吗的？"

哥们儿说："地方的公务员。"

结果朋友竟然大声笑了："你看吧，我就说，你爸妈要是农民哪里有启动资金？你只能给别人打工，还怎么可能创业。"

他说这番话时，我很尴尬，在场的许多人都很尴尬，聪明的哥们儿调侃了几句就过去了。

活动结束，他继续絮叨着："要不是他有个好爸爸，他能有今天？"

我有些不满地说："人家爸爸就是一般公务员，没什么钱的。"

朋友说："那他肯定有个厉害的什么叔叔舅舅的，我啊，也就是没有这么靠谱的亲戚。"

那天我头也没回，上了车，在路上就把他拉黑了。

因为这早就不是第一次了。

我和他认识半年多，他的逻辑和思路永远是那么让人讨厌：一个人事业有成，那一定是因为他有个好爸爸；如果没有好爸爸，就有个好舅舅好叔叔。

一个女生开着豪车，她一定是被包养了；没有被包养，就一定有个好爸爸；没有好爸爸，就有个好舅舅好叔叔。

一个人升了官，涨了工资，要么是有关系，要么是跟老板有一腿；如果没有，就一定有个好爸爸；没有好爸爸，就有个好舅舅好叔叔。

他从不分析别人是怎么成功的，是怎么通过奋斗改变生活的，他永远在强调客观的因素，然后用“我弱我有理”的态度去批判这个世界上努力的人，用阴谋论的眼光看着每一个进步的人。

总是强调客观原因，从来不从自己身上找原因。

总觉得别人运气好，自己总是怀才不遇。

总觉得世界对他不好，却从来看不到自己的问题。

一个人儿时有多么缺爱，才会觉得全世界都是好爸爸？一个人要多么没能耐，才会有这么损人不利己的弱者思维？

二

同样的弱者思维还有很多。

一次，一个朋友跟我说过一段话，我印象很深，他说：“每次一个人或者一件事情爆红，你立刻会发现两批吃瓜群众：一批忙着批判，另一批忙着研究。”

忙着批判的人把别人批得一塌糊涂，用各种社交媒体换着法子去谩骂，骂完别人，自己长舒一口气，然后继续骂下一个目标。他们没有看到，自己的生活已经一塌糊涂了。可是忙着研究的那批人呢，他们脑子里在思考着一件事：他是怎么红的？他有没有值得我学习的地方？我能从这件事情中得到什么启发？

前者暴躁地原地踏步，后者安静地进步前行。

我的一个朋友每次见面都喜欢说自己运气不好，痛斥同事、责骂领导、鞭挞时代，一开始我还会觉得他挺有趣，敢说那么多实话，可后来每次见面他都像祥林嫂一样不停地说着，终于把我们说烦了。

有一次我问他："你既然这么不满意自己的现状，有没有想过辞职呢，或者换一个更好的环境？"

他说："没钱啊！没本事啊！"

我说："那你与其抱怨，还真不如想想怎么赚钱，怎么磨炼出一技之长。"

他说："还不都是他们把我害得没有一技之长的！还不都是这个社会害我没存款的！这个时代啊……"

他又开始了，不停地说着，可是，一点用都没有。

人不思改变，又不停地发牢骚，这种弱者思维必然禁锢他，让他故步自封，难以前行，最终困在圈里飞不出去。

你可能会说，难道我们就永远不能说这个世界的丑恶吗？不是，我们之所以要去书写不公平，去评论这个世界的丑恶现象，是因为我们想要改变。可是，一味地责骂抱怨，其实无济于事。

世界由人组成，有时候把自己变好，影响了身边的人，世界就能好那么一点点。

从自己做起，永远比指责别人要管用得多。

三

说回这个朋友。

几天后，他继续跟我抱怨，说同事升职了，自己没升职，然后他安慰自己说道："我也懂怎么升职，我只是没做而已。"

接着他闷闷不乐地说："他不就是运气好吗？"

真的是这样吗？运气真的那么重要吗？

其实不是，运气很重要，但一定不是起主导作用的，那些所谓的运气好的人，无非是时刻准备着而已。

你以为你懂得道理，只是没去做而已，真的是这样？

其实不然，纸上谈兵再出色也不如带兵出征学得多，前者只是理想中的状态，而后者却是在脚踏实地地行动。

你总以为别人做的事情简单，总以为你也懂这些道理，可是你就是不做，你不做，就永远不知道这些东西在实际操作过程中是多么复杂。

你总想找个最佳的状态迈出第一步，却永远不知道什么是最佳状态，然后迟迟迈不出第一步，最后你安慰自己：听了这么多道理，还是过不好这一生。

那不是废话吗，你从来没行动，只是听道理、懂道理。

懂道理的人，永远认为自己是完美的，但凡人开始行动，总会有瑕疵，可是，人就是在这样的瑕疵中成长起来的。

光想不做，光说别人不反思自己，光强调客观原因，不去自省反思，这种弱者思维，只会让一个人原地踏步！

你只是看起来很努力

一次上课的时候，一个女孩子垂头丧气地跟我说："老师，我考了四次四级，还没过，究竟是为什么？"

我说："你做了真题吗？单词背了吗？"

她拿出已经翻破了的真题，跟我说："你讲的所有题目我连答案都记得，我这么努力，为什么过不了？"

这是一个令我印象特别深刻的学生，其实英语四级考试是一个超级简单的考试。据说，每年通过率有百分之八十几，那些没过的百分之十几，还包括了裸考和"放弃治疗"很久的学生。我想，一个人要多有"毅力"，才能一直保持在那百分之十几坚定地不过，并且连续四次。

可是，看着这个学生满满的笔记，我心想，看起来是很努力啊，没理由不通过啊，这孩子会不会是脑子不好使？

聊了很久，无解。

这种感觉就像是一个医生知道病人有病，但就是不知道如何去医治他一样。于是，我只能使出大招：“你这么努力，放心吧，下次你肯定能过的。”

那个学生讪讪地说：“但愿如此。”

对这个世界来说，没有什么果是没有因的，即使现在看不出原因，它也一定是存在的。

那是我第一次也是最后一次见到那个女孩子，她再也没有出现在我的课堂上。

结课那天，我来到她的位子旁，指了指她的空位子，问她身边的一个女孩子：“你认识她吗？”

她说：“认识，她是我同学。”

我说：“她为什么总是逃课？就第一次来了。”

她笑笑说：“她事情比较多。”

就是在那天我找到了病因。这个女孩子是学生会主席，同时兼几个社团的团长，参加组织活动很积极，朋友也很多。唯一没有时间做的事情，就是独处。可学习英语其实是一件特别需要独处的事情。而她只是做了一套真题，草草地对了一遍答案，然后冲出自习室继续做学生会的事情了。至于这套题，在她脑子里只留下了“我这么努力地做了一套题”的回忆，其余的什么都不记得。就像她告诉很多人自己报了一个班，可是几乎从来没有上过课；就像她找很多人探讨怎么学英语，但是从来没有真正记住点儿什么。骗别人很容易，骗自己更容易，可是，骗这个世界有点儿难。

我想起了一个女孩子小白，她总是喜欢让我给她推荐一些电影和书，还要求是格调很高的，因此，我每次看过的书都会拿过去让她看。她每次看完后，都会发一条微博，下面无数个赞。

有一次我跟她闲聊时，问她：“你告诉我一下，上一本书你看完后记住了什么？”

她说：“忘了。”

回到家，我看她在朋友圈里说又看完了一本书，我赶紧给她的朋友圈点了一个赞。

另一个朋友小路，特别喜欢去自习室，而且每次在朋友圈都会看见她的文字：最近很累；快考试了，最后几天拼了；早出晚归……

她写下的生活，总是那么波折、努力。她给别人看的日子，都是那么具有正能量。

可是，该不过的，还是过不了。她所有的考试结果，似乎都充满波折和无奈。

因为，毕竟所有的努力都不是给别人看的，重要的是这些努力是否真正到达了内心，变成了提升。一次，我和她一起自习，看见她带了会计书、英语书、考试卷子……还有手机。

她一上午的时间其实都是在刷朋友圈、刷微博。这种所谓的努力，其实只是看起来很努力而已。

看起来每天熬夜，却只是拿着手机点了无数个赞；看起来起那么早去上课，却只是在课堂里补昨天晚上的觉；看起来在图书馆坐了一天，却真的只是坐了一天；看起来去了健身房，却只是在和帅哥、美女搭讪。在我们身边，总有一些笔记记得很认真的人，但是考试成绩不理想，也总有那些学习成绩非常好，但看起来并不怎么认真的人。很多人把后者定义为聪明人，其实他们只是在学习的时候摒弃了诱惑，一心一意地在努力，虽然那些努力没有让别人看到，但那段时间没有被干扰。

这种感觉不一定要让别人知道，有时候你也在深夜痛斥这个世界的不公，你说为什么那个谁看起来一点儿也不用心，最后却有了很好的成绩。可是，他们在背后和你在背后，究竟做了什么？你的生活和别人看到的你的生活，是不是一样的呢？因此，你要知道，那些所谓的努力时光，真的头脑风暴过了吗？真的走心过了吗？真的问心无愧了吗？或者，你只是看起来很努力而已。

你以为你在合群，其实你在浪费青春

写这篇文字，是在一个偶然的情况下。那天，一个学生告诉我，一个宿舍四个人，他是唯一不玩游戏的，可是他们群起而攻之："学习有什么用啊？装什么啊？你不加入我们，今后怎么可能会有出息啊？"那天我特别郁闷地想起了我的大学生活。

其实，在那个群体里面，我过得很难受。

我忽然明白，来大学学习不是为了合群，而是为了成就自己的梦想，然后找到真正属于自己的群体。

这种感觉就像你是一个篮球高手，为什么非要在一群英语学得好的人中间合群呢？无法选择自己的室友，但是你能选择自己的朋友；无法决定自己的生活圈子，但是你能决定自己的理想境界。

合该合的群，寻觅自己要的，无论是理想，还是朋友，这才是大学四年该做的。

曾经有一个宿舍，宿舍里面有八个人。每当宿舍里的八个人都凑齐的时候，寝室长总会组织一个游戏，就是把八个人分成两组，每组三个人，一起打牌，剩下两个人就打开电脑，打起了 DOTA（一种网络游戏），或者拿出手机不停地刷着网页，或者躺在床上拿着PSP（一种玩游戏的工具）等待着接替他们。

然后，一晚上就这样过去了。

然后，一年就这样过去了。

然后，四年就这样过去了。

八个人里面，一定会有一两个人混得还可以，但是也一定会有人混得差。混得可以的，在大学四年活得多么假，因为他组织别人堕落，自己却坚定地向前，表里不一，活得多么难受。而混得差的，永远不知道问题出在哪里。他根本不知道，他就是跟风了，可是不知到底哪里出了问题。

最近的课堂上，我不停地跟我的学生强调一点：大学期间，你无法选择自己的室友，但是你可以选择自己的朋友。

因为，最近我开始发现：寝室，是堕落的开始；合群，是淘汰的起点。

在好多人的字典里面，四个人中有三个人不停地下载着某女星出演的电影，第四个人不看，就是不合群。

四个人中有三个人打着游戏，第四个人不玩儿，就是不合群。

人是怕寂寞的，于是，大多数人都选择合群。

可是，你以为你在合群，其实你在浪费自己的青春；你以为你交了朋友，当你毕业了一无是处时，谁还会把你当朋友；你以为你大学四年不孤单，当你毕业没有工作，没有另一半时，你会更孤单。

有人说孤单痛苦，那谁又说过，实现自己的理想，不会痛苦?

我在短暂的大学期间，目睹了太多为了合群而合污的惨剧。

记得大一时，总有人叫我打游戏，我也打，可是留下的，是和他们一样的空虚。

记得大二时，当他们拿着手机不停地下载新的游戏时，我却在角落拿着单词书背单词。

记得大三时，寝室七个人对我集体发起攻击，说我不合群。更有人到处说我傲气逼人，到处说我坏话，但是我明白，与众不同不是我错了，最后我只有申请换寝室。

现在，我已经忘记了当时说我不合群的那些人的名字叫什么。我知道，他们中有可能还有人惦记着我。但是我只想说，他们惦记着我，说明他们的生活里面不能没有我，而我忘记了他们的名字，说明我的生活里面可以没有他们。

直到今天，我认识了许多人，有些是有名的大导演，有些是知名的演员，有些是很牛的实业家，有些是金融、政界的大亨，有些是当初都不会拿正眼看我一眼的美女，最重要的是，我交了一帮好朋友。此时此刻我才会感激，当初我没有合群，现在，我才到了属于我自己的群体中，去做我应该做的事情。

如果当初我合群，现在身边又会是谁，又会是什么景象？

我一直坚信，英雄，永远是孤独的，只有小喽啰才扎堆。“二八定律”永远适用于地球的每一个角落：百分之二十的人，占有百分之八十的财富；百分之八十的人，为百分之二十的人服务。

尤其是男孩子，大学四年，一直合群，一直在寝室，一直不打开视野、故步自封，做井底之蛙。这一切，总会在今后走进社会的某一时刻，一次性地还给你。

而女孩子，更需要在大学期间培养出独立的人格，依靠一个男人，永远比不上依靠自己的双手创造的未来踏实。

但是，我想说，我这里说的不合群，不是结仇，不是桀骜不驯。至少，千万不要得罪人，因为“道不同不相为谋”。这不代表连话都不讲，或者恶语相向。你可以支持他的生活模式，只是你需要拥有自己的思想。

无论如何，那些有点儿成就的人，他们的内心，也总有自己的一片天地，他们喜欢静静地思考，并一直向理想迈进。

以赚钱为目的的兼职，是最愚蠢的投资

2010年年末，那是我当老师的第一年，我认识了一个好朋友——在人民大学经济系读大一的学生。我一直觉得，人民大学经济系是超级牛的专业，因为很难考，加上我很渴望知道一些经济学方面的知识，所以就一直巴结她，好让她给我讲一些知识。我们总是在咖啡厅约着喝两杯咖啡，因为我已经开始工作，所以大多数时候都是我出钱。直到有一天……

她跟我说："龙哥，你能不能在什么英语培训机构介绍一个兼职给我？"

我说："为什么？"

她说："因为我最近很缺钱，老让你请，我也挺过意不去的。"

我说："那你考过四六级、雅思、托福了吗？"

她说："我才上大一啊，当然都没考啊。"

我说："是啊，你才上大一，着什么急赚钱啊？"

她停顿了五秒钟说："你真不是好朋友。"

后来在她的软磨硬泡下，我把她介绍到了一个专门教小孩儿的机构教少儿英语，她的学生都是小学生。她上课时，对学生们讲着字母表，说着 Father（父亲）、Mother（母亲），然后和学生们玩儿老鹰捉小鸡。

第一个月，她赚了四千多元，十分开心地请我吃了一顿饭。

这样的生活持续了整个大一下学期。她存了一些钱，所有人都为她叫好，认为她真励志。

可是，我发现了一些不对劲的地方。因为如果你一个月从一个公司拿走四千元，那么你至少应该给他们赚到两万元，至少应该每天搭进去八个小时。你的一个月才值四千元？

后来我才知道，她每天备课的时间高达十个小时，除去吃饭、睡觉的八个小时，她只剩下六个小时用来完成自己的学习任务。就算这六个小时真的全部拿去学习，都已经不再是专职学生，而是一个兼职学生。她在备课上高达十个小时的输出，远远大于不到六个小时的输入。在最该输入的时候选择输出，大学四年的意义何在呢？

那天我和她深聊了一次，她感谢了我，说："龙哥，你说得对，我写辞职报告吧。"

接着，意想不到的事情发生了。主管跟她谈话，因为她表现优异，工资提高了一倍。诱惑摆在面前，于是她接着干了一年。

那一年，我不忍心打扰她，只是跟她吃饭的时候发现她跟我聊的经济知识越来越少，而英语培训方面的内容越来越多。我弱弱地问她："你以后是想成为英语老师吗？"

她说："不啊，我学经济的，以后当然会成为经济学家，像郎咸平那样。"

我愣在那里，说："可是你做的所有事情，都不会让你成为经济学家，你以后只会成为一个英语老师。因为你现在做的一切和经济无关啊。你虽然没有感觉到，但是这些东西就隐隐约约地决定着你的未来。"

她说："不可能，我赚完这笔钱就停下来。物质基础很重要嘛！"

我再次沉默了，只是希望自己说的是错的。

大二那年暑假，很多银行给他们经济系提供实习机会，她的同学几乎都得到了offer（邀请），而她，因为忙于工作，竟然连四级也没过，更别说跟经济学有关的证书了，连文化课都挂了两科。而她获得的唯一技能，就是怎么逗孩子开心和如何同家长交流。

这个故事的结果还好，因为这个孩子今年毕业后已经去美国深造了。但是每次聊到这个话题，她都会告诉我，那段时间她赚着一份不错的工资，感觉却像温水煮青蛙，一不留神就会死去。以为自己很努力，其实是努力地走向一个深渊，什么也没学到。

大学四年是吸收知识最密集的四年，时间如此宝贵，为什么要去赚钱呢？以后有的是时间去赚钱，却没有那么充足的时间和精力去学习了。学生期间，穷很正常，它更能让你保存志气和战斗力，去做一些自己喜欢并且有挑战性的事情。而有些兼职纯粹是浪费时间、浪费生命，削弱着你的斗志。

我在大学期间，去当过家教，当时特别开心，觉得有钱啦。后来发现，除了每个小时赚了一百元钱之外，浪费了大量的时间。我干了两周，就辞职了。

还有一些职业，比如说服务员、快递员……我没有歧视这些职业，只是你为什么要浪费宝贵的读书、学习时间，去做这些谁都能做的事情呢？既然如此，你为什么还要继续上大学呢？其实，如果你不读研究生，这四年是你最后密集学习的四年。这四年，你要做的事情很多：你可以不上课，但是你不能不读书；你可以不拿学位证，但是你不能不学习；你可以不合群，但是你不能不交朋友。你以为在大学除了上课，剩下的时间全可以浪费，心想，我不就兼职一下，比在宿舍玩游戏、睡觉好多了。我告诉你，你在度过这些你认为的鸡肋时间的同时，有无数的学生正在努力地背单词准备出国，也有无数的学生在图书馆读着自己喜欢的书。他们毕业后，会把这些知识和一技之长全部变成工作所需，赚到更多的钱。

直到今天，我依旧感谢自己没有被赚钱冲昏头脑，我认为年轻人就不能以赚钱为目的地活着，而要更多地去学习，去了解这个世界。几年前，我决定用空余时间学习电影制作：剪辑、分镜头、摄像、特效。于是在拍了几部影片后，和优酷合作了《断梦人》。我也很感动，年轻的时候，没有因为不停地工作赚钱耽误了自己的学习，而丧失了这么多可能性。

最后，想认真地跟大家说：那些有工作、有钱人的生活，不要羡慕，因为随着年龄的增长，你迟早会有。但是，那些你有而他们没有的东西——时间、青春，其实格外重要。因此，不要因为干一些无意义的兼职而浪费了大好青春，要知道，这是不值得的。

最好的休息

我认识的网络红人 A 是一个激情四射的男人，感觉他每天都有用不完的时间：写书、讲课、看书、参加各种节目，他把自己的时间分割成很多个小部分，今天这个部分干什么，那个部分干什么，这些部分被分割得很细致，以至于每天的时间都不浪费。一年之内，他的事业突飞猛进，认识的人也开始越来越多，粉丝数量多得吓人。每次看他的微博，学生问得最多的问题竟然是："你怎么可以同时做这么多事情呢？你不需要休息吗？你是铁人吗？"

他的回答很简单："做不同的事情，就是休息啊！"

不知道你有没有这样的感觉，今天学习了三个小时的英语，好累。于是，犒劳自己一下，睡了一下午，换来的是晚上的头痛不已，接下来什么事情都无法继续做。这种事情发生在很多人身上，明明睡了一下午，偏偏不解乏，依旧觉得累，做事效率不高。原因很简单，因为休息的方式根本不是疯狂地睡大觉，而是换个脑子去做其他的事情。重要的是，他们不比那些天天睡觉的人累多少。

我的好朋友H的故事是我一直难以忘怀的。我刚开始北漂时，和他一起住了一段时间。那段日子，他自学考研课程，准备年底考研。因为我是英语老师，身边有很多学生：刻苦的、打酱油的、效率不高的、天才的。虽然我不喜欢把人分类，但是我见过很多学得很刻苦但是不痛苦的，也见过很多看似学得非常痛苦但最后没有什么好结果的学生。好朋友H属于后者。

一天，他做了两个小时的英语题，背了一些单词，翻译了几个句子，累了。他伸了一个懒腰，接着倒在了床上，就像粘在了床上一样无法自拔，打了几个滚后，睡着了……我弄醒他，说："你还考不考研？"

他说："我休息一下再学。"

他睡了一个小时，起来后，效率低得吓人。书一直翻在那一页，一个多小时之后，还在盯着那几行看。我走近一看，才发现他已经拿出了手机翻阅着网页。

他考研考了两次，都失利了。有一次他问我："我是不是已经老了，总觉得睡眠不够，白天困，晚上还失眠，学习效率还不高。"

和他做室友这么长时间，我非常明白，他一天超过十个小时的睡眠，肯定是够的。于是，我告诉他：“你试试不用睡觉来放松。学累了，去跑跑步。”

在我的号召下，他和我一起办了一张健身卡。那段时间我在努力减肥，于是带着他一起去健身房，他本来疲惫的身躯，在跑得汗流浃背后，精神不仅没有萎靡，反倒变得更加有活力。那天，他学到了晚上十一点，没困。当他做完了最后一道题后，伸了个懒腰，困意袭来，睡着了。那天晚上，他没有失眠，我听到了他的呼噜声。第二天，他给我打电话：“尚龙，去不去健身？”

第二天，他继续跟我去了健身房。

很多时候，我们觉得很累，打不起精神去做一些事情，我们觉得很困，却在床上睡不着。其实，不是因为我们老了，而是因为我们没有合理地运用时间。我们的时间如此宝贵，为什么不去规划着用？很多所谓的休息时间，根本不是去蒙头大睡，而是去调整生活状态，换个大脑。睡觉只是众多放松方式的一种，除此之外，我们还有很多方法。

我曾经的一个学生是北大学霸，在考研中，他每天的时间都被自己计划得非常详细，每天学了两个小时英语后累了就开始画画，因为学英语用的是大脑记忆背诵的部分，而画画用的是大脑创作的部分。他画画累了，就继续去背政治。坐累了，他就站起来跑两圈，跑得出汗了就继续学习。他每天让自己的学习不那么单调，生活不那么无聊。虽然考研的日子不会好过，但至少能做到不那么痛苦。

可汗学院的老师曾经做过一个实验：一个成人的注意力每次集中的时间也就 15 分钟。如果我们强迫自己的话，可以长一些。但是我们可以用其他方式去换个脑子，这样，坚持下去就没那么难了。

很多人在长跑的时候没有坚持下去，是因为脑子里面只有自己的脚步，那一步步重复的步伐无聊且沉重，不久就会崩溃。一个个坚持下来的，都是在用眼睛盯着一路的风景。你看，所谓休息，并不是睡大觉，而是在自己的生活中添加一些料，让它变得不一样，变得多彩一些而已。

回到我的生活。在刚当老师的时候，我觉得很新鲜，每天能遇到不同的学生，每天讲的课都不一样，去的地点也换来换去。可是，时间久了，我不再愿意备新课，讲的内容也开始一样了。即使学生不一样，但反应基本相同。于是，我开始觉得生活特别无聊、枯燥，每天都觉得很累，上完课只想回家睡觉。那段时间，我觉得时间就像上了发条，无奈、无聊且无情。每天虽然忙碌，但是不开心。

一个偶然的机会，我认识了一个导演系的朋友，他教我写剧本，推荐了一些作品让我去阅读、去学习。后来我考上了青年导演培植计划，成立了自己的“龙影部落”工作室，写的文章也开始被很多人阅读。原来我喜欢一天上够十个小时课，然后用剩下的时间睡觉，现在，我减少了很多上课量，换了一个脑子去写杂文、写剧本、看书、旅游。也总会有人问我：“你怎么会有那么多时间，又写书又上课又拍电影，还充电看书，这么忙，还休息吗？”其实，休息这事儿很简单，换个脑子而已。上课是体力活儿，上完后也该动动脑子了，脑子动累了，看看书休息一下，眼睛难受了，听听音乐，坐久了，跑跑步。休息不代表一定要睡觉，其实只是换个脑子去工作而已。

就像一个天天在家睡觉的人，永远不知道在跑步机上的人有另一种幸福。跑着的人，一直觉得世界是动着的，正能量和安全感差不多，都是自己给自己的。那些每天都像打了鸡血的人不是天生和别人不一样，只是因为他们一直在用一颗求知和求新的心活着。

关于睡眠，每天保证足够就好，一直觉得，好不容易才有的青春和生命，何必浪费在睡觉上呢。

优秀不够，你是否无可替代

前段时间我的工作室招人的时候，一个小姑娘笑嘻嘻地进来了。我看了她的作品，很不错，于是就问她："你想面试哪个岗位呢？"

她说："剪辑。"

其实我挺想聘她的，但是我们剧组的剪辑既刻苦，能力又强，而且预算又不够。矛盾中，我问："有没有想过换一个职位，比如说特效什么的？"

她说："我不会啊。"

我说："那你还会什么？"

她愣了一下，继续说："我剪辑很不错的，您看了我的作品应该知道。"

那时我非常矛盾，因为她确实很优秀，可是工作岗位已经满了。优秀的人很多，她可以被替代，先来后到，所以我们讨论了一会儿，最后我推荐她去了另外一个工作室。本来故事应该结束了，可是当天晚上，小姑娘给我发了一条很长的短信，问："我很想加入你们的团队，而且我的能力也不差，为什么不要我？"

其实如果换成其他人，我就不回复了。而我好为人师的臭毛病又发作了，我想了半天，也回了一条很长的短信："小美，我们都看得出来你很优秀，可是剪辑这项工作你还没有做到极致。虽然我们都知道你到我们这里之后能力会提升得很快，你有超强的潜力，可是我们已经有了一个剪辑师，岗位已经满了。你虽然优秀，但运气不是那么好，可是你知道如果一个人无可替代，他的运气可能就好得多，下次一定要多学点儿能拿得出手的东西，会更好的！告诉你一句话，在以后的学习、工作中，记得，优秀不够，一定要卓越，一定要无可替代，这才是最重要的。"

从那天以后，小姑娘和我成了很好的朋友，我们经常一起吃饭。直到今天，她已经与大工作室签约了，月薪上万。她的微博个性签名上写着：优秀不够，你是否无可替代。

其实只要你还在读文字，每天没有睡到中午，没有玩游戏玩到半夜，没有喝酒喝到天亮，那么你就是那种正在努力的人，一个一直看着阳光、盯着未来的人，一定是一个优秀的人。可是，为什么一个优秀的人还是被理想的公司拒绝，被自己的梦想拒之门外？因为在这个世界上，不是只要努力就一定能成功的。毕竟努力的人很多，在大城市，最不缺的就是梦想，最不差的就是优秀的人。可是，你优秀又能怎么样，每个人对于优秀的定义又不一样，既然优秀不够，就让自己无可替代吧。而无可替代的方式有两种：一是做别人不愿意做的事情；二是把别人都能做好的事情做到卓越。这样的人，才是这个社会真正需要的。

北大古生物专业一个女生的毕业照在网上疯传，因为那个系只有她一个人，大家都在调侃她上课肯定不能逃课。有些人羡慕她，因为她不愁找不到工作。如果社会上只有一个对应的岗位，在没有关系户的前提下，这个岗位非她莫属。如果有两个呢，那么两个单位就会争着要她，给她更高的薪酬待遇，因为她无法替代。这世上有很多人都是这样，做别人不愿意做的事情，做到无可替代。Bruce Lee（李小龙）去好莱坞之前，有很多武行的高手都在电影中崭露头角，但只有 Bruce Lee 愿意去美国发展。当时很多武术大师都不愿意背井离乡去一个陌生的环境拼事业。而那时的美国恰巧正发生着影视文化大爆炸，Bruce Lee 去了之后，他成了国际巨星，成为一代大师。其实那些所谓的成功人士，很多都是做了别人不愿意做的事情，才让自己变得无可替代的。

几年前我在军校学英语，身边的人都觉得我有毛病。记得在无数个夜晚，我拿着厚厚的英文词典去自习室，在空空的教室里对着墙大声朗读着、背诵着。那时我在纸上写了一句话：耐得住寂寞，才能享受繁华。后来这句话在网上被不停地转发。记得同学问过我一句话：“你已经学得很好了，干吗还要继续学？”我说：“好不够，要拔尖才可以。”2010年，我参加了“希望之星”英语演讲比赛，经过激烈的角逐后，我拿了北京市第一名、全国第三名。主持人说：“你是我们这个舞台第一个穿军装的演讲者。”那段时间很多人问我：“在你身处的环境中，都没人学英语，你为什么要学英语？”我笑笑说：“就是因为没人学英语，我才学的啊。”

我记得，那段时间脑子里面都是如何让我自己变得无可替代的想法。很感激那段日子，每天跟打了鸡血似的学英语，才能有今天自己想过的日子。直到今天，我已经开始一心一意地做工作室，希望未来能拍出更好看的电影。这条路很远，有很多人都在竞争，而我还会继续让自己强大起来，每天进步一点儿，做别人不愿意做的领域，把别人都能做的领域做绝，才能无可替代。

我在英语培训这个行业做了四年，对于这个行业来说，最有名的不是公司高层，也不是工作人员，而是那些有一技之长的老师。这些老师一直都是公司寻找的。他们有一技之长，是无可替代的。在这个行业待久了，我逐渐明白了，让自己强大起来比什么都重要。

每次读《水浒传》时，都会觉得挺有意思的，当年风光无限的宋江、李逵等人，最后都没有好下场。而最后善终、被重用的竟然是吹笛子的萧让、刻字的金大坚等专才。杜甫留给世界的，也不是他的官职，而是他写的诗篇。因此，对于我们这一代人来说，在这个世界上活下来的利器，其实是一技之长。

年轻人，在学习的路上，不要低着头看书，多去人才市场看看现在的社会需要什么专长，上网看看大型公司缺的是什么人，把一技之长磨炼得无可替代，变成自己喜欢的事业。这条路可能让人很难受，但是，没有哪个高手在修炼的时候是不寂寞、不难受的，既然选择了无可替代的路，那么在实现梦想的路上挨两拳又如何呢？

这世上一定有人过着你想要的生活

这个故事我想从我的一次旅行说起。2011 年那个夏天，我一个人开始旅游。一天，我到了陕西华阴，天很冷，忽然想爬华山。打了辆车到华山，已经是下午三点，到了华山山脚，我身上还有 100 元的现金，付了钱，师傅疑惑地跟我说："没见过你这样爬华山的，一个人，不带多少钱也就算了，还选这个时候爬。"

我说："那应该什么时候爬？"

师傅说："别人都是晚上爬第二天看日出。你这样爬到北峰，至少得 4 个小时，连索道都停了。大晚上你还没带多少钱，没地方住，也不怕被狼叼了。"

我听得毛骨悚然，看着高大的华山，还是决定，既然来了，就爬吧。

和别人不一样有一个好处，就是你不用忍受人潮拥挤的交通和人头攒动的景点。与众不同不代表我错了。

那天，我一个人，听着秋风瑟瑟，看着山下的落叶，心里不停地打着退堂鼓。只记得那条路很漫长，我走得很快，因为，一个人爬一座山还是会担心有狼叫声或者来几个绿林大盗拿着砍刀。那个时候我能做的肯定就是跪地求饶，把身上的70元钱都给他们。

路边，一个步履蹒跚的老人在翻着垃圾桶。我问他："大爷，最快多久可以到达北峰？"

大爷没抬头，说："4个小时。"

我说："像我这么年轻的人去爬呢？"

大爷看了我一眼说："再快也要3个小时吧。"

我告别大爷，戴上耳机，踏上了汗流浃背的登山之路。自己的步伐越来越快，可海拔越高天气就越冷，到了有雪的地方，手机也没有了信号。我依稀记得，有一条特别陡峭的路，几乎是垂直的，是要用手抓着锁链使劲儿爬上去的。可是，只要徒手碰到那根链条，就会冰到刺骨，甚至会粘在那里。我看了看自己的双手，犹豫着究竟要不要爬，可是看看身后，已经爬了一半，回头也不可能了，就像你划船划到湖中央，往前不行，往后亦无路可退，还不如赌一把往前走。我正在思考，忽然看到几乎垂直的铁链深处，竟然有一个小姑娘，正努力地行走在云梯的远处。她爬得很慢，但是一步就是一步，很扎实。

半个小时后，我追上了她，她不高，背影纤瘦，扎着一根马尾辫，一个背包，一身运动服，汗水从她的脖子上滑了下来。

她的手上，没有手套。小手冻得通红。

我放慢速度，喊：“你好，前面还有多远到山顶啊？”

小姑娘显然是惊住了，看了我一眼，见不像是坏人，就笑着说：“爬吧，太在乎终点就失去爬山的意义了。”

那个高度上，温度已经到零下了，冷风吹着我们的脸，钻进我们的衣领。那段路，是我和她一起走的，不快，但是每一步都很扎实。忽然我明白了，其实每段生命都是在行走，终点什么的不重要，因为都是固定的，唯一不确定的，是行走的方式和路边的风景。

后来我们到了山顶，我算了下时间，是两小时四十五分钟。我们坐在一个亭子边上，我说：“他们说我 3 个小时才能爬到北峰，我还是突破了他们的预测。”

她笑笑：“他们说的，不一定对啊。”

我拿出一瓶红牛，递给她，问：“你一个人旅游吗？”

小姑娘说：“对啊，我一个人。”

我问：“你不上学吗？”

她说：“休学了。”

其实，我能理解，讲课讲了那么长时间，我去过一些学校，教学质量不好，学不到东西，还不让逃课。有些学生专业知识没学多少，官僚气息倒是多了很多。每次我去这些学校做讲座的时候，都会见到一个人指挥另一个人：“你去买一瓶水给老师。”我问：“你为什么不买呢？”那人说：“我是他领导。”我叹了一口气，心想，如果我在这个学校上学，还不如做点儿自己喜欢的事情，别说休学，退学都有可能。

我问：“那你是哪个学校的？”

她说：“我是复旦的。”

总觉得这么冷的天，不应该有鸟飞过，可是，就在那个时候，我分明听到了鸟叫。

她笑着问我：“走在半路的时候，想过放弃吗？”

我点点头。

她说：“是不是发现自己无路可退了，就只能向前走了？”

我说：“是的。”

她说：“所以，所谓的成功学都是假的，所有的成功都是被逼出来的，努力也不一定会成功呢。”

我说：“是的，成功学就像现在对背包客的鼓吹，总有一些人会觉得工作不顺就旅行，却不知道一味地追求浪迹天涯和一味地追求朝九晚五是一样的，真正的高手是能很好地调节两者的关系的。”

她说：“你是干什么的？”

我说：“我是老师，还是导演、编剧。”

我这人就是这样，一讲到自己的经历的时候，就刹不住车了。

其实这样特别傻，因为只有没什么内涵的人才会一个劲儿地拿自己的故事跟别人讲，可能是当时还年轻，就讲了起来。我讲到了自己英语演讲比赛获得全国季军，当老师的时候打分最高，军校立功，可是她一直在打哈欠。慢慢地，我讲到了为了追求自己想要的自由，从军校退学教书，过两年去美国学导演，她眼睛放光。

她慢慢地说："去追求自己想要的生活，容易吗？"

我说："你觉得呢？"

那天，我听了一个能让我记住一辈子的故事。

这个女孩子半年前休学，在西藏爬过山、在丽江喝过酒、在新疆打过架、在成都吃过辣，这是她的第十一站，后面她还要去很多地方。我问她："为什么不读完书再旅行，或者假期旅行，这些不矛盾啊，寒、暑假再说呗？"

她说："这么多年，一直是为别人活着，我只想用这一年为自己活第一年。"

我愣住了，安静地听着她的故事。

就叫她小美吧。

小美小的时候跟所有孩子一样，就被父母、老师告知，你的梦想，就是上清华、北大、复旦，虽然自己不知道为什么。

那个时候，她的父母跟她说："只要你考上名校，你的任务就完成了，剩下的你也就别担心了。"她父母都在县银行工作，不说十分富裕，至少能够做到衣食无忧。别人上培优课，她也能上得起；

别人参加的课外活动，她也不会因为经济问题失之交臂。她说，自己的生活就是那种很平常的中产阶级生活。幸运的是，她的学习不差。

可是，这世界总是这样，喜欢在你平静的生活中加点儿料，才会让你看到的和别人不一样，才能让你不会忘记那些不平淡的日子，才可以让你重新思考什么是生活。可是，对小美来说，这次料，加得太重了。

小美的父亲出车祸当场死亡，肇事司机逃逸，而她的母亲，每日以泪洗面。当地群众提供了一个大概能描述司机的特征，为了找到那个司机，她的母亲想尽了一切办法，终于发现原来他是当地一户十分有势力人家的公子哥，势力大到只手遮天。她母亲不停地告状，却看不到希望，逐渐两鬓生起白发，每次去告状最后都因为证据不足被驳回。她母亲无法看到公道，久而久之，走上了上访之路。

一次，领导在她们家拿着一沓钱给她母亲做工作，她母亲拿着钱把领导打了出去，红红的钞票落了一地，像她母亲的热血。不久，银行把她母亲辞退，让她们从公司分的房子里搬走，家里的状况也忽然变得冰冷了很多。

她还小，但读得懂什么是眼泪。她跟母亲说："妈，等我考上大学了，我要学法律，当律师，来帮你告状。"妈妈笑了笑，跟女儿说："你一定要考上好学校。"那个笑容里面，充满着对生活的希望，可是，这希望的目光没有持续多久，很快，就消失了。

小美拿到录取通知书的那天，也是她最后一次见到母亲，她母亲以与父亲同样的方式离开了这个世界。有时候会觉得这个世界特别邪乎的就是，一些事情的发生，是所有人都无法预测的，而一旦发生，就是那么巧合。但生活总是这样，把你关在小黑屋的时候忽然让你看到一丝阳光，只要你抓住这丝阳光，顺着爬，就能看到太阳。

这次司机没有逃跑，赔了一笔钱，该判的也判了。幸运的是，之前那个撞死她父亲的人也在最后被关进了监狱。

小美哭干了眼泪，走进了法律系。她明白的是，接下来的生活，她要自己过了。

我听小美讲到这里，看着她坚强的眼神和冻得通红的脸，心里很酸。我问："然后呢？为什么休学呢？"

她说，她每天都在学习、工作，因为她知道这个职业很重要，所以学得很认真。为了不耽误学习，又要养活自己，她的工作时间都是晚上，给杂志社写稿子、帮学校做英语翻译。就这样，第一学期，她赚了一些钱，考了全班第一名。

因为自己优秀，又不怎么喜欢跟别人交流，朋友们就喜欢私下打听她到底是何方神圣。室友特别喜欢问她父母是干什么的，她只是默默地说，他们都是银行的人。

其他的人立刻拍大腿，说："就说嘛，怪不得学习成绩这么好，富二代啊。"

每次听到这些，小美心里就很难受，她不知道这样撒谎对不对，可是，她明白，幸福就是过上正常人的生活，不被人另眼相看。

每天忙于学习，还要打工，她逐渐脱离了室友、朋友，她觉得自己孤单，更觉得生活像上了发条一样，看不见天地。每次学习完回到宿舍，就听到宿舍的人冷嘲热讽：“哟，又学习去了，真牛。”

她经常看着远方，夜深人静的时候，泪奔，想自己到底想不想学法律，或者自己到底想要什么。其实，那种疑问和孤独的背后是一个深刻的问题：何处才是我的家？

那天，她办理了休学，她想一个人出去走走，不管去哪里，只要走着，就好。她背上背包去了西藏，买了指南，查了攻略，出发了，去了那个所有人都想去却腾不出时间去的地方。

当她收拾好行囊准备离开的那天晚上，和室友喝了这辈子的第一瓶酒。那天，她的室友说：“你多好啊，可以去旅游了，做自己喜欢的事情多幸福。我其实也特别想过这种说走就走的生活。”

小美说：“既然是你想要的生活，为什么不出发呢？”

室友说：“我不像你家里有钱，我父母都是农村的，等我毕业找一份工作之后再说吧。”

另一个说：“我其实也想这样过一年，但不像你学习这么好，我还有很多功课要去恶补，休学一年回来啥都没有了，以后还要找工作、找男朋友、结婚生孩子呢。”她说完，就继续看韩剧去了。

小美笑着，没说话。第二天，她起程，那一路，她的目的地是未来和远方。我没法儿知道她这一路遇到过什么，也不知道她将会遇到什么，就像我永远不知道，我的未来会遇到什么一样。

我只是记得那天，在冷冷的北峰，忽然一股暖流到达了心底。

我蹲在那里，不知道说什么。忽然明白了，这世上，真的有人过着你想要的生活。这生活，你也能过，你只需要一点点决心、一点点勇敢、一点点希望和一点点相信。

我没有留她的电话，既然都是江湖人，何必要用世俗的一串数字和一个标签去捆绑一段相遇。那天晚上，我们靠在一个宾馆的沙发上睡着了。第二天我起来的时候，她已经离开，我的身边放着一双手套和一张字条。

上面写着：“追梦若冷，就用希望去暖”。

没有一条路是白走的

我在读书的时候有一个兄弟叫小楠，这人不喜欢讲话，做事非常有目的性。每次我们在一起聊天的时候，他总是能直入主题，然后得出一些总结性的结论，最后让我们不知道如何接下去。每次我们几个做出格的事情，他总是最理智的人；每次我们几个喝酒喝成狗的时候，他就是那个负责把我们送回去的人。虽然是好朋友，但是每次我都会坏坏地想，他这辈子的生活可能就是这样了，不会有太多出彩的地方，不会出大错误，也不会有让我震惊的彩蛋。

有天我和东商量着，说："这家伙每次都看我们喝多，哭得跟狗一样，这次我们两个一起灌他，非要让他说点儿泪奔的事情，即使他没有，也要看看他内心深处到底装着什么。"那天，我拿酒杯不停地碰他的瓶子，东一次次和他干到瓶子翻过来，直到看到他瘫坐在凳子上开始笑，然后，他讲了一个关于他自己的让我震惊的故事。

那是一个暑假，高三的学生丢掉书包、烧掉课本，开始疯狂地旅行，开始了再也不用遮羞的恋爱，开始了驰骋在球场上的比赛。而小楠，却已经开始纠结自己报考的志愿了。因为父亲是部队的，小楠从小就给自己定下了目标，说自己以后也要报考军校，为国效力。可是，小楠的父亲坚决反对小楠进入部队。其实一个家长不让自己子女继承自己的事业一般有两个原因：一是明白自由的可贵，知道自己有自己的生活和爱好的重要性，孩子也是一样的，不能将自己的想法强加给自己的孩子，这种家长是伟大的；二是深知自己的生活不是自己想要的，自己已经过得难受了，而孩子明明可以有更好的选择，这种家长，更伟大。而小楠的父亲，不管基于哪种考虑，就是坚决反对他考军校。

两个人吵了几天后，无果。小楠的父亲拿走了小楠的报考表，藏了起来，准备帮他报好了再告诉他。第二天，抓狂的小楠不见了。

父亲找了他两天，焦虑得到处打电话。而此时此刻的小楠，一个人去了大兴的一支特种部队，静坐在门口。那天是一个炽热的日子，知了叫破了天，鸟张开翅膀像老鹰一样准备展翅高飞。

门岗看到一个小伙子坐在部队大门口一天一夜了，好奇地走过去，看着小楠，问："小伙子，你是干吗的？"

小楠抬起头，慢慢地说：“我要见你们政委。”

那天下午在政委办公室，政委打电话给李楠的父亲，终于，他父亲妥协了。

小楠走进了自己梦寐以求的军校，训练时比别人都刻苦，表现比别人都好；别人跑步跑五千米，他就跑一万米；别人学习到九点，他就学习到十一点。大二，他遇到了同样爱在图书馆看书的我。我们成了好朋友，喜欢聊聊自己这周读过的那些好的文字和一些新的想法。

我们一起做过的疯狂的事情很多，我曾经把这些故事写成了小说，最终没有发表。我们甚至无话不谈，可是我却清楚地明白，我是注定要离开这个环境的，因为我生性喜欢自由，不愿意被束缚，而小楠不一样，他有很强的忍耐力，喜欢这种日子。虽然路注定不同，但是都祝福着彼此。一年后，我离开了军校，去追求自己想要的生活了。

本来故事到这里就结束了。可是，两年后的一天，我接到了小楠的电话。在此之前，我与小楠失去了联系，只知道他被分配到最艰苦的地方了，那里连手机都不让用，据说方圆几十公里都没人。

小楠说：“尚龙，明天，我想去找找你。”

我说：“你还活着呢，哈哈，可是你怎么出来啊？不是不让出来吗？哎，不是不让用手机吗？”

小楠说：“你别管了。”

那天，我和东、耗子几个好久不见的好兄弟聚在了一起，见到了黑了许多而且两年没消息的小楠。我们以为小楠带来了一个升迁的消息，后来小楠喝了一杯酒，缓缓地说了一句震惊全场的话：“明天哥们儿就能退伍了。”

那天晚上除了他充满希望的笑容，我就只能隐隐约约地记得大排档的嘈杂和喝酒撸串的自由。他说：“来到最艰苦的地方，该体验的都体验了，也该换个生活方式了。”

他继续说：“一开始父亲不同意，单位领导也不同意，尤其是我爸爸。我两周没有接他的电话，哈哈，我又想起了五年前的那个夏天。”

我问：“那你想好以后要干点什么了吗？”

小楠说：“可能会做和摄像有关的事情吧，我最近在学习呢，算是初学吧，跟你这个大导演不一样。但是无所谓了，反正我们能常聚聚了。”

这个时候，东问：“可是，毕竟坚持五年了，你不觉得这五年白白浪费了？要是这五年学习摄像就好了。”

小楠喝了一杯酒，说：“其实不存在白活的日子。不经历那些，我永远不知道自己爱什么；不经历那些，我永远不知道现在的生活是多么可贵；不经历那些，年老的时候，我一定会后悔这些什么都没做只是想想的日子。”

那天，我们喝了很多，然后在 KTV 唱着五月天的《咸鱼》，哭得稀里哗啦。忽然明白，其实这个世界上没有所谓一条白走的路。就像你走在一个十字路口，永远不知道下一步你要向东南西北哪一个方向走。一些人在行走的时候有高人指路，告诉他们这条路可以这样走，那条路走完会是什么样的，虽然容易了很多，可是失去了那种未知的快感和有趣的不确定性。一些路，只有你走过了、走错了、走进死胡同了，你才知道这条路是不能走的，这样并不影响你的速度，因为，生活和速度无关，和终点无关，和路程上的风景、和陪你的人、和走路的心情息息相关。虽然你的路走错了，但是你看到了别人看不到的风景，一路上认识了你一辈子可能会擦肩而过的人，闻到了那些可能永远不会闻到的花香。其实，没有哪条路是白走的。

我记得当时读《乔丹自传》的时候，里面有一句话很感动我，他说：“如果不打两年棒球，我永远不知道自己这么热爱篮球。”

有时候我会觉得，明明两点之间最短的距离是直线，上帝为什么让你绕着走？后来随着成长，我开始明白，两点之间的直线虽然最短，但是那条曲线是最美的。而世界上美丽的图画，很少有直线，都是由那一道道曲线构成的。

小楠的故事到此就结束了，现在的他，我也不知道在哪儿，只知道他终于迈出了第一步，或许他以后想当导演也不一定。无论如何，这一路，他看见的风景、经历的事情，都是钱无法买到的。

没有什么路是白走的，没有什么事情是白做的，这些看似无意义的事情，都是成长的基石。我们生命中的每段插曲都有着它该有的意义，所以不要抱怨为什么不早点儿做，更不要后悔要是做了什么就好了。你有后悔、抱怨的时间，不如整装待发前进起来。有时候只有走错了路，才逐渐明白自己要的未来；只有交错了朋友，才逐渐知道什么是患难见真情；只有爱错过人，才逐渐懂得真爱是什么。

别和充满负能量的人在一起

一、爱情

关于早恋，是支持还是反对，往往众说纷纭。曾经看过一则报道：两个高三的学生在高考结束后，大摇大摆地牵着手。媒体采访他们，他们自豪地说："我们终于可以光明正大地在一起了。"那种感动，让人久久不能平息。另一则报道说得更有意思，北京市的高考状元和探花是一对情侣。他们在一起这么长时间，家长都不知道。后来家长被采访的时候，淡定地说："早恋没错，但是需要引导。"

可是偏偏在我们身边，有无数的早恋造成许多无可挽回的事件的例子，有些甚至毁了某人一辈子。关于早恋，绝对不能一棍子全部打死、全部否定，而要看他的另一半是什么样的人。任何一段感情，无论年纪，如果两个人在一起共同进步，让彼此变得更好，那么这样的感情早点儿发生有什么不好？但如果两个人在一起互相耽误，在该学习的时候选择了享乐，互相比着退步，这种感情还是早点儿断了好。

我的一个朋友，之前是一个很有正能量的人，喜欢打篮球，学习也很刻苦。在高考那一年，他竟然喜欢上了一个负能量爆棚的女生，女生在那个时候长期和不良少年鬼混。我们坚决反对，他告诉我们："万一我能改变她呢？"

男生很努力地去感染这个女生，女生虽然嘴上说学习很重要，而且每天都会和他一起学习，但坐在自习室里不停地用各种方式打扰他。她虽然说考大学很重要，却每天晚上回家一定要和他打够一个小时的电话。男生不舍得放手，但每天晚上被折腾得睡眠严重不足，第二天听课没效率，自习没有目的，晚上时间还被占据。渐渐地，他的学习成绩一落千丈。我曾经提醒过他："感情最重要的是两个人各自拥有独立灵魂并且能够共同进步，不是一个迁就另一个、一个牵制另一个。"直到高考结束后，他才明白了我说的话。

复读那年，他坚决地说了分手。几年后，他当了大学老师，上课的时候，他最喜欢说的一句话是："你的另一半，决定着你的高度。"然后他若有所思地摇摇头。他的学生经常会在人人网上吐槽，说他找了一个多低或者多高档次的老婆。但我知道，他现在的婚姻很幸福。关于恋爱，找一个能让你进步的人，很重要，找一个能让彼此进步的人，更重要。

二、友情

鲁迅笔下有一个非常形象的角色：祥林嫂。她身上发生的是一个不好的故事，但无论是多感动的故事，讲三遍都会让别人反感，何况还是悲剧。在我们身边，其实到处都有祥林嫂。他们喜欢讲一些悲剧和黑暗的事情，可能是他们讲这些能感受到自己的存在，也可能是他们说这些能展现自己很有学识。但是，这些人很自私。他们自己讲 high了，完全不顾别人的感受。这种朋友的身上是有“毒”的，他们的存在会一点点地损害你对生活的信心，会减少你身上的正能量，会加剧你对世界的抱怨。可是，他们给不出解决方案，给不了你希望，这样的人，虽然不坏，但会潜移默化地伤害别人。

我曾经写过一篇《再好的朋友，也经不起你过分的直白》，写过一些不注意言辞的人对别人的伤害。但比起那些直接传递负能量和大量讲述自己人生苦难的人，那些只是皮毛的伤害。

我的一个朋友，每次我们两个人在一起，她总能把自己的苦难翻出来讲。她告诉我自己多不容易，这个世界多万恶。她见过的人多，讲的故事也很多，但每个故事都有一个共同的结尾：“你说他是不是很傻？”我听得云里雾里，然后说：“是。”她继续说：“还有一个事……”

等她抱怨了半小时后，结尾完全一致：“你说他是不是很傻？”

有一次我实在忍不了了，就冒险地直言：“你每天都在跟我讲自己的悲惨故事，你有没有想过我的感受？你讲完这些事情后，有时候我会烦很久。”

她回答了一句话，噎得我哑口无言：“你上课的时候不是也经常讲自己的苦难故事吗？”

我想了想说：“可我传递的是正能量啊！”

后来我在写剧本的时候，被一个导师点醒了。他告诉我：“你知道你原来的作品最大的问题在哪儿吗？”

我说：“不知道。”

他说：“你写北京的空气，只是在批判；你写排号政策，只是在指责；你写女孩子被包养，只是在抱怨。谁愿意听这些负能量的东西呢？”

我说：“可它们是存在的。”

他说：“可是，你不能剥夺别人的希望。你批评北京的空气，你需要给出自己的解决方案；你指责排号没效率，可你没有给出更好的方法；你抱怨女孩子被包养，可你没有写出女孩子应该怎么做才是独立的。你在结尾处没有给人带来希望，这样的作品，就是负能量的，就是大家不喜欢的，就是有‘毒’的。”

几句话直接把我点醒了，那时我明白了，交朋友也是一样，明明讲的都是一段痛苦经历，而负能量是在鞭笞别人的不好、责骂社会的不公，正能量是在讲完后告诉你，即使再苦，你依旧可以通过努力去改变。

如果你不是网络大V（网络粉丝很多的知名人士），有着巨大的影响力，能让在位者看到你的抱怨和悲剧，就不要一味地抱怨、传递负能量，因为这样只会让身边爱你的人难过，何必呢？

我不喜欢祥林嫂式的朋友，他们不断唠唠叨叨地给我们洗脑，会潜移默化地改变我们的价值观。他们喋喋不休地强调痛苦，会一点一滴地腐蚀我们的正气。离开这些有“毒”的人，去交那些能鼓励你的朋友，交那些在挫折中能激励你的朋友。你的朋友，也决定着你的高度。

三、亲情

写第三段文字的时候，我拖了很久。前两点，我都能想得很明白，然后动笔。可是第三点，稍有不好，就可能被扣上不孝的帽子。无论这些亲人再怎么消极地影响你，你也不能直接地不认他们，亲人还是亲人。

在写第三点的时候，已经是春节。窗外是热闹的鞭炮，身边是幸福的亲人。

吃年夜饭时，家里做了很多菜，有鸡鸭鱼肉。我和姐姐在美国待过一段时间，我们的饮食习惯有一点和西方人很像：不吃鸡爪。偏偏家人在我姐跟前放了一盘鸡爪。直到饭局结束，那盘鸡爪都没有动。因为这道菜是伯伯做的，他便开口问：“你们两个小家伙一人来一只？”

我们赶紧摇头，说：“不吃不吃。”

伯伯说：“不行啊，要吃，古人说吃鸡爪是抓钱的，以后要赚大钱的。”

他继续劝了很久，态度很坚决。

我当时笑了，因为这是没有任何逻辑的，于是指着一个盘子说：“伯伯，古人说把盘子吃了也能发财。”

没想到一句玩笑话，让伯伯在饭桌上生气了。父亲看到伯伯生气了，赶紧打圆场。于是莫名其妙地，我们吃完了两只鸡爪。

当时我想，一个如此喜欢控制人的家长，如何跟孩子相处？如果一个人的教育是正确的，那么这种稍微带有暴力的方式可能还会带来好结果。但不是每个人的教育都永远正确，如果态度一直强硬，就麻烦了。后来我看着伯伯的孩子和伯伯的生活模式，终于确定了自己的观点。堂哥虽然和伯伯住在一个城市，但除了周末回去见见父母，其余时间都是独立地生活。他们无法远程操控自己的孩子，孩子只是表面答应父母的请求，该做什么还是去做自己的。关于和父母那些旧观念的矛盾，最好的方式不是改变他们，更不是妥协地变成他们，而是独立地生活、自立地活着，并且尊重他们管你的权利。

其实，每个人在生活里都会多多少少地受他人的影响：爱人、朋友、亲人。身边人的性格、生活习惯都在潜移默化地决定着你的人生。跟着蜜蜂能找到花朵，跟着苍蝇只能找到厕所。安静的时候，注意时不时地看看身边的人，远离那些能让你变得消极的朋友，多和一些具有正能量的人在一起。

同事，最熟悉的陌生人

从一个故事开始。

刚毕业的大学生B去了一家央企，刚进央企的时候，因为有眼力见儿并且说话甜，处处讨人喜欢。她带着校园的清纯和活泼，走进了复杂的写字楼政治。坐在她前方的是与她同级工作十三年的老同事W，坐在她后方的是和她一起进入公司的女生A。B的工作主要是广告策划，公司里面的每个人都有着清晰的头脑和很好的点子。这样一群有个性的人，还坐在同一个办公室里，那复杂而微妙的关系不用言说，就已经被凸显得淋漓尽致了。

B似乎和每个人的关系都很好，她总是和A一起吃饭，也经常向W请教问题，稳定的日子透着和谐。工作之外，她依旧把A当成很好的朋友，有时候还能看到B发的和A的合影，看见两个人逛街自拍的照片。B很单纯，很快就把A当成了无话不谈的好朋友。一次，两人一起看了一部烂片，头痛不已的B大骂："这片子真够烂的。"

A说："这片子简直是废话连篇啊。就像每次开会时我们那个老领导讲话一样。"

B说："是啊，真是服了。还不如听他讲废话呢，还不要钱。"

两人伴随着笑声，吃完饭，各自回家。

日子像上了发条一样，很快两个人在这个地方就干满了一年。B经常跟我抱怨："这个地方天天干的事一样，各种无聊的会议，我估计干两年就走了。你知道不，更搞笑的是W还干了十三年，而且他做什么事情都没什么表情，性格特别平稳，像蚂蚱。"

我说："为什么像蚂蚱？"

她捏着自己的脸说："就这个表情。"

我笑了，她也笑了。可她的笑没有持续很久。

那年年底，公司有一个晋升的机会，其实就是为B和A准备的。机会需要的是三样东西：强大的能力、群众的支持和领导的认可。虽然实际操作的时候，可能最后一项占的比例是最大的，但是文件上写的是这样的顺序。

朋友B这一年做成了两个广告文案，都很出色。而A今年什么也没做，唯一做的一个文案还被领导否定了。B想，这个升职机会今年肯定是她的了，于是宣布结果那天，她非常开心地等待着。

领导走了进来，W 陪在身边，等到念出结果时，B 惊呆了。因为最后的答案是 A。

B 过了很久都没有振作起来，甚至不知道为什么最后晋升的是 A。直到一个月后的一天，B 偶然听到了领导办公室里的对话。一个人跟领导说："这个事情你就请 B 做吧，她的方案我看过，还不错。"

领导很不满意地说："给她干吗？她现在眼睛里才没我这样一个整天啰唆的老秃子呢。"

B 大惊失色，明白了一切！原来，她无心的一句话，被 A 为了升职的机会而出卖了，成了自己最后失败的重要因素。可为什么 W 最后会支持 A，却没有为 B 说两句公道话呢？原因也很简单，一个性格如此柔弱，却能在斗争横行的办公室里稳坐十三年的人，还不懂站队和墙倒众人推的道理吗？弄明白了这一切，B 才大呼被朋友出卖了。而那天明明是 A 先说领导坏话的，可是，她连解释的机会都没有了。

听完了 B 的故事，感触很多。因为 B 低估了朋友的特质，所以就高估了同事的友谊。关于办公室政治，没有一些城府，没有一些心机，不会站队、不会说话都只是小伤害，被队友反戈陷害才是最让人痛苦的。所以最好的办法，就是不得罪每个同事，也别和任何同事掏心地做朋友。

我在工作中也曾经不成熟过。刚开始工作时，我认识了公司的一个前台，两个人很聊得来。后来那个前台转成了其他职务，两个人也依旧会时常约着一起吃饭。我一直把她当好朋友，还介绍了我姐跟她认识。直到有一天，我姐和我吃饭时告诉我：“你知道她离职了吗？”

我惊讶：“怎么可能？我怎么不知道？”

我姐说：“你没看她朋友圈吗？”

我赶紧打开朋友圈，才发现她早就把我删除了。我看了那个她经常讲话的同事群，不知什么时候，她也悄悄地退了出去。那个群，还是时常会叽叽喳喳的，大家在里面还是会看似热闹地嬉戏，就像她从来没有进来过一样。接下来，领导派了一个小姑娘给我打电话，问这个同事是否之前找我借过钱。小姑娘无奈地说：“这是领导让我问的，让我给每个人都打电话，尤其是和她关系好的。”

我冷笑着说：“谁告诉你我们关系好呢？”

其实，自那之后我再也没见到她，谁知道她对我的那些微笑是真是假。可是，重要吗？我是一个很重感情的人，逢年过节还是会发短信给她，但是她再也没回过我，直到我也离开了那个公司。同事毕竟是同事，这个道理，也是我第一次懂得的。

莫名我就痛恨你

我对“痛恨”的理解，其实和很多人一样：要不就是你夺走了我的妻子、羞辱了我的亲人，要不就是你欺骗了我，或者伤害了我的感情，最次的就是你无缘无故地骂了我，我才会痛恨你。关于痛恨，我一直觉得不是一个好的选择，无论是谁，与其恨一个人，不如忘记一个人。每天这么多事，不是万不得已，哪儿来的时间去恨别人，何况发怒本身对身体就不好。只是，现在的人，在互不相识的前提下，时常会勃然大怒。发怒的原因，不详。

就好比娱乐圈的事情，谁也说不清楚。前段时间，一个明星离婚的事情想必除了当事人之外，和谁都没有关系。他发文章说自己离婚，骂声便不绝于耳，一个网友随便说了一句：“你退出××节目吧。”结果没想到，他竟然回复了：“好的，对不起。”

且不说这是不是公关团队在炒作，不管是不是无心插柳，结果粉丝爆炸了：我的偶像凭什么给一个路人回复啊？凭什么她一个脑残就让我们在××节目中看不到偶像？凭什么她的一句话就能伤害到我的偶像？不行，弄死她！于是，铺天盖地的谩骂不绝于耳，骂声开始转移，该网友的这条留言回复数有十万之多，脏话不绝。看得我浑身起鸡皮疙瘩。

我刚看到这个人的留言板，以为她出了什么大事件，遭到了被诅咒全家的恶语。后来了解了一些因果后才明白，原来就是这么点儿事儿：莫名我就痛恨你。

这背后，是信仰的缺失。我们一直把人当信仰，所以一旦一个人变了，让我们伤心了，我们就会感到丢掉了信仰。

后来，这个小姑娘被“人肉”出来，是一个在校生。后面似乎又发生了很多事情,有人说这是公关方式,有人说小女孩根本不存在，云云。

无论结果是什么样的，想必很多人的愤怒都毫无缘由，他们开始问：“我为什么要骂人？我是不是被利用了？”

我想，无论是谁，只是发表了自己的一个观点，无论正确与否，又没有进行人身攻击，不应该被骂成这样。

在网络上，人和人之间的容忍度越来越低，因为吵架的代价也越来越低，在互联网的保护下，人身攻击的代价和成本也越来越小。

我曾经在一个很受人尊重的大师的微博里，看到了各种不堪入目的留言。他们只是知道，你说的这句话我不爱听，所以我要骂，骂你是应该的，谁叫你出名了。我骂你，你又不可能来打我，所以我疯狂地骂，你要是回复我了，说不定我还增粉呢。

其实这些源源不断的骂声，几乎都源于自己的不自信和没有什么存在感。世界的美好，就是因为人和人的观点不一样，我们的观点不一样，完全可以去平静地讨论，而不是脏话连篇地出击。这样解决不了问题，只会加重或歪曲问题，一件事经常变成了另一件事。

很早以前，我写文章不是很出名，写的文章也没什么人看。那个时候，我经历了一些感情上的事，别人的、自己的，于是，很多文字都和感情息息相关。但每次写完之后，我都会看很多遍，确定不针对任何群体，不让人受伤，才发出去。可是，无论我写什么，总有些人留言开骂。有一次我实在忍不了了，明明一篇不得罪任何人的文章，为何还有人要骂？于是，我点开了那个骂人者的微博。这时，我才发现，他谁都骂。而骂的对象，都是网络上知名度很高的人。那一刻，我觉得挺荣幸的。后来我又翻了他前面的微博，才发现，原来他在半年前失恋了，那条微博上写着："总有一天，我会让你知道我有多么优秀，我要火到让全世界的人都认识我。"从发出那条微博后，几乎每个有点儿名气的人都让他骂了一遍。

我心想，原来不是我写文章怎么了，而是因为他已经将骂人变成了习惯,为的就是简单地出名。可是,为什么他要针对我的文字呢?

曾经看过《一句顶一万句》。杨百顺的一生，让我感受到了中国人为什么活得这么累。他的名字改了又改，从杨百顺变成杨摩西，又变成吴摩西……生活也是从一个地方颠沛流离到另一个地方。现代人讲话，总喜欢将一句话变成另一句话，让一件事情变成另一件事情。明明说的是文章的观点，心里想的却是和女朋友分手。于是，不管文章说什么，开骂就好。可是，当这些人真正见到自己骂的人，可能就只会点头哈腰了。

我们工作室的摄像师C，在认识他之前，总觉得他特别愤青。后来我们混熟后，一次我和他聊天，说："我要不认识你，你是不是连我也开骂了？"

C说："其实我原来骂过你。"

我说："什么时候？"

他说："你写《你以为你在合群，其实你在浪费青春》的时候。那个时候我想，谁写得这么恶心，还很火，既然他不合群，也不会有人帮他，我就骂他两句，他也不会还嘴。"

我说："然后呢？"

他说："后来就骂了。"

我说："然后呢？"

他说："后来发现你人挺好。"

我顿了顿，说："这个月的片酬别拿了。"

每个人在网上展现出的一面，可能都只是他的某一面，不能用这一面去评价一个人的全部。对于不同的声音，我们是否想过曾经那句非常著名的话：我不同意你的观点，但是我誓死捍卫你说话的权利。观点不同，可以辩论，何必要一棍子打死呢？

可能很多人骂人无意，只是觉得好玩儿，可是，我们的生活是不是应该有一些责任感？记得有一个小孩，他曾经在旅游景点写下自己的名字："×××到此一游。"最后骂声不绝于耳，小孩最终退学并精神崩溃。那时，是否有人能够站出来理性地处理？针对这件事情可以去批评，但是不能口不择言地去伤害人。因为，我们谁也不知道，自己莫名的愤怒，会给别人的生活带来多大的影响。

之前人人字幕组被禁后重新打开了，我在微博上转发了人人字幕组的链接。随后，因为关注的人越来越多，人人字幕组再一次被封锁了。没想到的是，很多人在我的微博里开骂，说自己知道网址就行了，发出去干吗。那天，我打电话给人人字幕组的朋友，问："为什么忽然又打开了？"他们说："是想让更多的人看到。"我说："我转发了一下，好像加速了你们的死亡。"朋友说："怎么会？我们做字幕就是希望更多的人知道啊，感谢你还来不及。"

回到家，我看到微博里还有人继续骂着，说我转发了字幕组的网站链接。

我笑了笑，退出ID（用户名），睡觉了。

其实谁也不知道这些愤怒来自哪里，或许，只是因为，莫名我就仇恨你。

为什么很多人的新年愿望只是愿望

无论是生日、元旦还是春节，都是一个新的开始。人们在一段旅行开始的时候，总喜欢进行一些规划，说出一些愿望。这些规划，有些是在夜深人静时脑子里面静静的想法；有些是和朋友聊天时最真的体现；有些是父母在家问到你规划时被逼出来的想法，比如，妈妈逼问你打算什么时候结婚等。可是，很多人的愿望都成了泡影，最终没有实现。原因很简单，我们都曾经天真地以为经过努力愿望是可以实现的，但成功学灌的鸡汤很多时候是有“毒”的。努力没错，但还要有正确的方向，没有正确的方向，越努力越失意。如果连具体的方向都没有，那么努力两天就麻木了。下面讲几个发生在我身边的故事：

一

发小H来北京两年了，两次考研都失败了。那年春节回家前，他一副强颜欢笑的样子跟我说："我这辈子就这样了，大不了回老家。"

我笑笑说："也行。"

年前，H回家了。

过年那天夜晚，我在人人网上看见了H写的一篇文章，他慢慢地着笔，缓缓地抒发，写下了过去一年的孤单和难受。他说，在新的一年，他想出人头地，想不让日子过得那么孤单。我默默地看完了，并转发了他写的文字，因为这么多年，很少看见性格平和的他下定决心去做一些事情。

这一年，他工作比原来努力了很多，至少我知道的是，他涨了一级工资。

可又一年过后，我们一起吃饭，他告诉我："今年的愿望，还是出人头地。"

我问："去年没出人头地吗？不是涨工资了吗？"

他说："那算什么出人头地啊？"

我问："那你去年的愿望算是没有实现？"

他沮丧地说："是的。"

其实他的故事，是很多人追梦的缩影，他们实现了愿望的一部分，却不能让自己满意；他们努力过，但是觉得自己得到的和自己期望的有差距，可又不知道差距在哪儿。关于新年愿望，之所以我们很难实现，是因为我们没有把自己想要的细化到可以看见、可以实现。

一句出人头地是虚无缥缈的，每个人的定义都可以不同；一句不再那么孤单是毫无意义的，因为人的孤单是常态，有时候人越多越孤单。与其这样，为什么不把自己的愿望细化到可以看得见？如果是我，我会这样规划：今年至少要涨一级工资，今年我要找到一个女朋友。当目标可以被看到，当愿望不再那么大，当愿望没有那么空，每天才能制订计划并去完成它。所以，新年愿望，从小开始，从能看见开始。

二

我在上课的时候，特别喜欢培养学生写日记的习惯。我告诉所有的学生，如果你不愿意写，也要在夜晚睡觉前闭目养神地静静思考一下今天做了什么，明天还要做什么。思考的时候要分成必须做的、喜欢做的和可做可不做的。先做必须做的，再做喜欢做的，至于可做可不做的，有时间就做，没时间就拖一拖。总有些时候，我们会忙到暗无天日，晚上倒头就睡，可是却不清楚今天做了些什么。这一天，其实就是白忙活。每天都瞎忙，没有章法、没有计划，其实是对生命的不尊重。

我的高中同学琰是做事高效的人，学习成绩很优秀。高中那几年，我很荣幸和他是同桌，除了问一些题，他给我最大的帮助，就是他教会了我如何去利用时间。每天，他的手里都有一个小本子，早自习时写下来今天要做的所有事情，一件件标记上，晚自习结束后划掉自己今天完成的项目。他告诉我，这样的学习才是清醒的。与他相比，另一些看起来每天上自习到半夜的，其实白天都在睡觉，还有一些人，只是边学习边玩手机。

从高考复习开始到高考结束，每天都看见他在这样做，最后他以优异的成绩被理想的大学录取，并且，他从来没熬过夜。简单的事情坚持做就不简单，我将他的学习方式用到了生活中，每天都会计划好第二天要做的事情，脚踏实地，不问太远，只做好今天的事情，过好当下的每一天。其实，我讨厌一个人问我“十年的规划”这样的问题，谁在 20 多岁的时候能知道十年以后的事情，谁的青春没有过迷茫。

琰的这个学习方法就是一种很好的生活状态。过好每一天，过明白每一天，把一天细化成几个阶段，列下优先级，一点点地做：行走、记录、总结。大理想是要以天为单位的，比如你想今年拍一部电影，那么这个月你就应该把剧本写完，今天你就要动笔，五天后你就要去划分镜头，一个月后你就要去拉投资。一年的规划，需要从每天的小事做起，计划好每一天。

三

在我们行业里面，我看过很多年龄和我差不多的好朋友拍出了好的作品。比如，张导的《地下城》。刚认识我的人都喜欢和我说：“好羡慕你们能拍电影啊，你知道我小时候的梦想就是当个导演啊。”一开始，我会很开心地和他们交流几句，后来也就慢慢不愿意和他们太深刻地交流了。原因很简单，因为，他们连第一步都没有迈出。

《孤独星球》里有一句话，很多人都知道：“当你决定旅行的时候，最难的一步已经迈出来了。”可是，它还有后面一句：“如果你第一步不迈出，永远不知道你的梦想是多么容易实现。”我经常会在课上说：“当你决定学习，是不是应该先买一本参考书；当你决定跑步，是不是应该先准备一双跑鞋；当你决定追一个女生，是不是应该先写一封情书；当你决定拍电影，是不是应该先了解一下电影的制作。”因为我们不肯迈出第一步，所以发现，梦想就越来越遥遥无期，到最后，真的只是个“梦想”。

其实，我不太同意“迈出第一步就能实现梦想”这样的话。但是，迈出第一步后，即使失败了，至少不会后悔。与其老了之后感叹这个没做、那个没做，不如感慨这个做成了，自嘲那个做砸了。曾经看《飞越疯人院》，最让我感动的是，麦克墨菲跟疯子们打赌说自己能举起那块大理石，信心十足的麦克墨菲走了过去，费了九牛二虎之力依旧失败了，他说："At least I tried, At least I did that."（至少我去尝试了，至少我去做了）比起那些连尝试都不敢的疯子，他无疑是成功的，因为他迈出过第一步。

都市的冰冷繁华下，需要人心的温暖

2008 年，我一个人来北京读书，临走前，我拔掉了电话卡，抄了十个人的电话。有六个家乡的朋友，四个是一起来北京上学的哥们儿。当火车到达北京西站的刹那，我知道，未来的路，就要靠自己和身边的朋友陪着一起走了。父母，再也帮不了什么了。

我还记得买不着车票时的尴尬，还记得生日那天想找人出来喝酒却找不到的沮丧，还记得一个人从长安街东走到长安街西的孤独。

那个时候，我发誓，以后身边朋友谁来北京，都不允许他们经历与我一样的孤单和冷漠。

几年的奋斗，我的手机里已经有了几百个联系人，也有很多人认识了我。寂寞慢慢淡出我的生命，但我总是记得一些片段，那些不忍回忆的片段。

有时候大城市的灯光会让人特别迷茫，你看着这城市的繁华，想想自己现在的状态，就会觉得梦想和青春离自己越来越远；你看着霓虹灯的灿烂，再看看自己，会觉得自己特别孤单，身边居然连一个可以诉苦的人都没有。不要问我怎么知道，因为我就是这样一步步走过来的。

这种感觉，很多人都有，因为大都市总是会让寂寞的人更渺小。

经过这些年的拼搏，我赚了一些钱，在北京有了自己的住处。前年，最好的兄弟昊大学毕业来到北京，住在我家陪着我一起打拼。

每天晚上，我下课他下班，我们冲到街边的大排档狂吃狂喝。然后发疯似的，大晚上开车跑遍大北京每一个我们没去过的地方挥霍青春，第二天再辛苦地去努力上班。

有时候喝酒，我会跟他说当年的那种孤单感。

他跟我说："你之前的那种孤单感，其实我没有过。"

我说："为什么？"

他说："因为，我来了之后就有你陪着，所以，这里跟家一样。"

我是一个喜欢将心比心的人，交朋友不管别人的背景怎样，不管别人家里有多少钱，只有一个衡量标准，就是他对人是不是真心。因为我交朋友从来都很用心。

很幸运，身边留下了很多真诚的朋友。即使曾经也被朋友捅过刀子，但我仍然相信这个世界上有真情。所以，这些朋友在我低迷的时候，也站在我身边，给我鼓励和帮助，从未离开。

对我来说，至少，自己受过的苦，不希望朋友再受一遍；自己经历过的难受，不能让爱的人再经历一次。

曾经一个从巴西回来的朋友微博私信我，说刚来北京，人生地不熟，求见面。

因为是故交，就请她跟我团队的几个哥们儿晚上一起去五道口喝酒，她说她很久没有这么开心过了。

我说："没事儿，需要帮忙及时联系我，记得，这里是家。"

现在，她成了我的好朋友，成了我们这群人的好朋友。

这些年我有一个习惯，总喜欢介绍身边的人互相认识，组一个个的局，聚一次次的餐。大家有时候看看电影，有时候听听相声，有时候吃吃饭，有时候唱歌喝酒。

每次看见一些刚来北京的人或者刚参加工作的朋友因为自己的举手之劳多了几个朋友，多了一点儿生命的温度，就会特别开心。这冰冷的繁华，毕竟需要我们用心去温暖。

在北京，我见过很多人的生活，听过很多人的故事。你思考一下，身边有多少人是这样过的：上班，下班，遛狗，吃饭，散步，看电视，上网，上床睡觉。他们每天过一样的日子，不和朋友来往，不参加社交活动，20 多岁的人过着 80 岁的人过的生活。

我问过身边一个朋友："你都不和自己的朋友交流吗？"

他说："我只是不面对面交流，我都是在网上和人交流。"

我叹了一口气，然后痛斥了社交网络。

有时候，社交网络创造了一个又一个虚假的形象，你不是你自己，而是人人网上的那个你，是微博上的那个你，是朋友圈里的那个你。

你微博上的粉丝越来越多，可是生活中能聊上天的人却越来越少；你照片发得越来越多，可是心里却越来越空虚；你发一条朋友圈说心情不好，点赞的越来越多，可直接跟你对话的人却越来越少。我总觉得，在这样一个繁华的都市，我们是不是可以给对方多一点儿微笑，可毕竟，自己的力量很小很小，能做的，就是至少让自己的朋友们不要冷下去，不被这个城市的繁华冷却了心。

姐姐从美国回来。

我们这群人会有一个小聚会，可能会去怀柔烧烤。我姐姐每次回来都很感谢我给她介绍新朋友，说这个人好玩儿、那个人给力。总结下来，她都会说：“龙，你的朋友各种各样，但是有一个共同点——都很真心地去和人交流。”

我说：“因为我选择朋友的标准也是这样。”感谢吸引力法则，你是什么样的人，就会吸引什么样的人。

现在的我，有时候会在长安街看着一辆辆驶过的车发呆，每次看着灯红酒绿的夜色，总会觉得这个城市的繁华下，隐藏着多少人的孤单和眼泪。但又想，会不会因为身边人深夜的一个电话，会不会因为陌生人的一个微笑，就改变了一个人的一天。

至少，我是这样做的，传递很简单的正能量。

我坚信这个世界上还有那么多真正温暖的东西等着我们去发掘、去实践。

经常会有人问我是怎么召集一帮人干这么多自己喜欢的事情的，我的答案很简单：用真心。

所以，都市的繁华下，需要人心的温暖。要不然，一个人很快就会被淹没，满眼都是钱，满脑子都是利益。我一直认为，一个城市户口没有家人的陪伴重要，一个月赚很多钱没有多几个朋友多几次出门陪你吃大排档重要，你买的大房子没有身边存在一个真正爱你的人重要。那些被现实洗涤的，那些被快节奏遗忘的，才是我们真正该珍惜的。

你总觉得城市的步伐快，但别忘了，有时候，停下来，看看身边的人，享受一下周围的风景，不耽误你行走，说不定，走得更远。

更别忘了，在城市中，如果遇见寒冷，告诉自己，至少，我有一颗温暖的心。

最好的省钱方法，是赚钱

讲两个故事。

我的父母都是部队里的干部，小的时候，父母拿着一个月七百多元钱的工资，养我和姐姐两个孩子，很拮据。所以，从小我就学会了节约，每次在商店门口看着想买的东西，都会纠结很久。小学的时候，流行玩四驱车，有一次在路边看见了自己喜欢的四驱车，但是要十元钱一辆，我不停地讨价还价，让他九元卖给我，纠结了很久最后还是没买。其实我的口袋里面是有十元钱的，但就是为了省那一元钱，最后我没买。结果，第二年学校组织四驱车比赛，我没有报名参加，成了永远的遗憾。我最好的哥们儿拿了全校第一。

在这样的家境下，父亲作为家里的顶梁柱，压力非常大，总是因为钱的事情发火。那天我回家看父亲，因为着急去办事儿，父亲开车送我，路上，要经过一个小区，因为小区里面装修，没有办法穿过，父亲掉转车头就出去了，因为速度很快，前后不到五分钟。可是保安慢条斯理地跑出来，要收我们五元钱。

老爸急脾气，大喊一声："怎么可能，就一会儿凭什么收钱？不给！"

我坐在副驾驶位上看着那个来者不善的保安。他理论不过，又找了两个人过来，几个人一起开始对着我爸喊叫起来。

我赶紧从口袋里面掏出五元钱，说："你们过来一个人，给你们。"

他们拿过钱后，拉起了杆子，放行。

父亲勃然大怒，冲着我喊："你是不是钱多？！有病是不是？！"

他把车停在门口，让他们还钱，不还就不走。后面已经排了很长的队，不停地按着喇叭。有时候我觉得爸爸很可爱，像一个孩子。后来后方的司机也有些情绪激动，寡不敌众，我们最终离开。父亲把车停在路边，开始对我疯狂地喊叫，我不说话，默默地听着他充满气愤的责备。

也不知道持续了多久，具体他说的什么我已经不记得了，但天大的事情人也会慢慢消气。沉默一段时间后，我嘀咕了一句："老爸，您用发火的时间，刚刚那五元钱已经赚回来了。"

父亲很气愤："怎么赚，你以为赚钱容易啊？"

我说："刚才我们在这里跟别人吵架加上您骂我的时间，换成我的课时费或者片酬，我至少少赚了好几百元钱。有这个时间，还不如看看书为下部戏做准备，备备课为下次上课做准备，对吧？"

父亲沉默了很久，没说话。

第二天我离开的时候，父亲给我发了一条短信："儿子，你说得对。"

从那个时候开始，我就坚定了自己的想法，因为这个世界有时候很残酷，虽然钱不是万能的，但是没有钱你会发现自己寸步难行。自那之后，我学会了不跟别人争斗，很多时候网上有人对我发起了攻击，我唯一能做的，就是回避。因为这些争斗没有意义，而有这些时间，还不如多多提升自己或者去多赚点儿钱。

第二个故事发生在我的一个好朋友身上。

这个好朋友住在北京郊区，工作也很一般，一个月三千元左右，是个典型的北漂，在一家餐厅当大堂经理。他梦想成为一个吉他手，却总是以工作忙为借口不去碰那把沾满灰的吉他。每次我去他家里，他都在床上躺着看自己的手机，然后点击那些让他爆笑的视频。有时候我会觉得，这家伙肯定一辈子没什么出息了，好不容易来到北京打拼，连一点儿斗志都没有，真不知道他是怎么想的。直到有一天，他请我去他家吃他做的饭，我才发现他是有超强战斗力的。

那天我们在他家楼下买菜，一元钱一斤的菜，他非要跟别人砍价到八角。我以为他要买几百斤，这样能省点儿钱，结果他买了一斤。

那个小商贩无奈地看着他，找了他两角钱。那个时候，无论是他的口才还是战斗力都瞬间爆棚。

他得意地笑。

说实话，我从未见过他的这种爆发力和决心，这决心如果用作去学吉他，说不定早就能成五月天的吉他手了。

接着，他去买肉，非要别人每斤便宜五角。卖肉的说："大哥，你非要便宜五角，你要买多点儿也就算了，你还只买这么一点儿。你让不让我们赚钱啊？！"

他说："你们肯定赚钱，少五角钱又不会少一块肉。"

卖肉的说："大哥，我们这都是小本生意。"

他说："我这都是常客了，便宜点儿啦。"

我在旁边待了五分钟，看见双方为了五角钱唇枪舌剑、唾沫星子横飞，似乎都讲到了自己家里有多么贫穷，自己多么不容易，有时候还能蹦出一些哲学理论。那个时候，我特别想甩出十个五角钱，然后各扇他们一巴掌，说："不就五角钱吗，哥赏给你们。"

他们吵着吵着，意想不到的事情发生了，那个肉贩老板是个大老粗，他大喊一声："不买就滚，瞎说什么！"

朋友也生气了："你骂什么呢？不卖拉倒，骂什么人啊！"

"我哪里骂人了，我从来不骂人，是你先骂我的！"

"是你先骂我的，你指什么指？"

“就指你！怎么了……”

这个时候，周围已经围了很多人。吵架这件事，如果就两个人一般都吵不起来，但是一旦有观众围观，坏了，火上浇油，两个人马上来劲儿了。两个人剑拔弩张，眼看就要打起来了，周围有劝架的，有叫好的，有站队的。我看劝架无望，只能使出绝招，大喊：“城管来了，快跑。”

肉贩立刻收摊，推着车离开，临走前转身大骂：“为了五角钱你跟我吵半小时，活该你一辈子当穷鬼。”

说完，留下一个潇洒的背影。

回家的路上，朋友继续抱怨，不停地说，越说越生气，越生气越说。后来，那顿饭也没做，回到家，他已经被自己气累了。他躺在沙发上，说：“龙哥啊，对不起了，我休息一下，调理一下气息再给你做饭。”

我晚上有约，就先行告退了。那天看着他生气的样子，我只有一个想法，这个人可能一辈子都不会有钱了。

这个故事已经过去三年了，三年后，他还是那个住在郊区，一个月三千元的工资，喜欢跟人讨价还价的穷光蛋。有时候一起喝酒，他还会抱怨老板没给他加薪，还会说他那个这辈子都只能称为“梦想”的吉他梦。

有一句话是这样说的，思路决定出路，屁股决定脑袋。一个脑袋里面整天只有几角钱的人，想必这辈子不会赚什么大钱；一个只知道如何省钱的人，也自然而然地失去了如何赚钱的思维。我不是让大家去浪费，可你是否想过，过于节省的生活，其实就是浪费：你每天都在争论那几角钱，浪费了精力和时间去读书学习；把隔夜的剩菜热了吃，吃坏肚子去医院花了更多钱；你省钱不去体检，检查出大病后不得不住院花费更多。你以为你在省钱，却不知道，真正省钱的方式，是去赚钱，是让自己变得更强大，而不是为了几角钱花自己最宝贵的时间去永无休止地争论。

最后，分享一个小故事。

一位爸爸跟自己的儿子说："家里穷，你要省着花钱，书什么的就别读了。"另一个爸爸说："虽然家里穷，但是你要更加努力，争取让家里不要这么穷，就算家里一分钱都没有了，爸爸卖血也要供你读书。"试问，如果两个孩子智力正常，哪个家庭会在以后苦尽甘来？答案，似乎是一定的。那么问题来了，不停地省钱带来的是什么？

只要你还能去追，就应该不抱怨地前进

四年前，我从军校退了学。那个时候，我年少轻狂，加上英语很好，在几乎全世界都反对的情况下，我说服了父母，说服了我最亲的朋友，然后脱掉军装，勇敢地去追自己想要的梦——去教英语。那个时候，我已经在部队立了二等功，加上爸妈都是部队的老兵，离开的难度很大。当天，我给父亲写了一封很长的信，告诉他我以后会靠什么为生。我的父亲是一个很通情达理的人，他看完我的文字后，同意我走了。

离开部队的时候，我跟我最好的朋友东说："兄弟，你也出来吧。"

东说："你有一技之长，出来有饭吃，我没有。"

我说："跟一技之长没关系，我们还年轻，可以一起努力，世界总有一天是我们的。而且你明明待在里面不开心，为什么还要继续这样？"

东说："你不懂，因为我背负的压力太大。我们家是农村的，父亲要我必须读军校，我没有选择。"

我说："你为什么不去拼一把？"

东说："拼不过，我背负着一个村庄的压力。"

我不懂，本该飞翔的年纪，何来无尽的压力？

那年，我开始教书，靠微薄的收入生活在北京。那个时候爸爸虽然生我的气，但还是决定每个月给我三千元钱，说："就这么多了，其他靠自己吧。"

而我倔强地跟爸爸说，要自己扛过去。

最困难的时候，一个人在出租的单间吃了一个月的泡面。那段时间，我想念在军校和东一起喝酒扯淡的日子，而现在，每次喝多了都是一个人。有一次喝多了给东打电话，说："你为什么不出来？你出来我们两个就创业，就算两个人一起开个咖啡厅也好。"

东说："我也想。唉，可是我不敢迈出第一步。"

我说："为什么，你这么年轻？"

可能是因为我说多了，他喊了出来："龙哥，我是不勇敢，可我是为了我爸读的军校。他病了，我更不敢气他了！"

我挂了电话，什么也没说。只是觉得，他为什么这么懦弱。

那段时间，我一个人默默地努力，赚了一些钱，认识了一些朋友，日子，却越来越孤独。那段时间，我一个人看书、写文章，还报考了自己喜欢的导演系。

我记得一次自己一个人去旅游，到了西安。在大雁塔下面有一个用脚写毛笔字的小女孩，她的手是残废的。而在她的边上，有一个大概10岁的小女孩，手上拿着一个气球，跟妈妈说："妈妈，我也想要一支画笔。"妈妈说："要画笔干吗？"她说她也想成为画家，然后就开始哭闹、撒娇。两个小女孩对比非常明显。

我看着她写完后，问她多大了。

她慢慢地说："18。"

我说："你是怎么练习这些的？"

她说："因为妈妈去世得早，我很小的时候出车祸残疾了，父亲病重，只能这样继续生活了。"

我说："你写得很好，是什么时候学的？"

她说："有手的时候，我当时的梦想是成为画家，可是现在……"

那一刻，我想起了刚刚那个因为妈妈不给买画笔而哭闹撒娇的小女孩，我立在风中，久久不能平静。

我忽然明白，当你在抱怨世界不公平的时候，当你在抱怨梦想太远够不着的时候，当你在咒骂通往梦想的路上太多荆棘的时候，有些人连努力的资格都没有，因为有些人，一出生就背负着太多的压力。所以，命运对他们是不公平的。

那天我打电话给东，告诉他：“在里面好好混，我懂你的苦。”

接下来的几年里，我拍电影有了一些起色，拿到了很多视频网站的首播权，文字也写得有了一些传播量，接着我成立了自己的团队：龙影部落。这个时候，曾经最好的朋友都聚集到了我的身边，我又想到昔日最好的朋友东，跟他聊了很久我的梦想后，他动摇了。他告诉我：“太好了，我准备加入。”

有时候觉得上天让人生变得戏剧化是因为它开始无聊了，或者，上天让一个人经历太多只是为了让他变得更强大。

不久后的一天夜里，东飞回老家，去见他得癌症将走的父亲最后一面。

而我随后也跟了过去。看到花圈和灵堂，以及自己最好兄弟的眼泪，我的眼泪也开始不停地打转。

那天，东的母亲跟我说，他父亲临走前的最后一句话，就是希望他继续在部队好好干。而东也抓着他父亲的手，说：“爸，我一定这样做。”

当天的星星特别美，我看着自己的双手，没有残废，摸着自己的肩膀，没有负担和压力，只是有时候生活给我带来了一些小小的挫折，自己却经常抱怨。在追梦的路上，偶尔被击倒，偶尔被打得头破血流，其实很正常，可是，有些人连追梦的资格都没有。当你发现能够追梦的时候，其实就已经很幸福了。

在这个世界上的很多角落，有多少人，因为家庭，因为生活的变故，连梦想都不敢有，他们活在父母的阴影下，长在现实的黑洞中。所以，如果你四肢健全、时间充裕，又有什么资格抱怨自己今天又浪费了一天，又有什么权利不停地说自己好无聊呢？

“梦想”这个词，已经被滥用了，甚至每次一说到“梦想”这个词，就被人说成心灵鸡汤。而这样说的人，只是因为他们活得麻木，不知道生活还是要有一些盼头和希望的。而那些有盼头的人，一定记得只要有梦，就是幸福的，只要你还能去追，就应该不抱怨地前进。珍惜当下拥有的，追求可以得到的，放弃不属于自己的，不去成为那个让自己难过的断梦人。

你总要度过生存期，才能谈生活和梦想

好朋友天儿上个月考研结束后，离开北京，去三亚发展了。虽然都不情愿，但我们还是默默地祝福着。天儿不仅是我生活中的好朋友，更是工作上的好搭档。这些天，离开的人太多，忽然觉得像是一部电影的结束，也许过一段时间后，才能看起来像是一个新故事的开始。

这两天，我忽然想到，自己的电影工作室成立快两年了，不管作品如何，最开心的两件事是：做的是自己喜欢的事和交了这些好朋友。他们总说我是一个最不靠谱的老大。人家创业的时候，都是为了上市、为了赚钱，而我只是为了让大家开心，拍戏都只拍自己喜欢的，帮助大家去追逐自己的梦想。

以为这个团队能持续很久，或者直到我们都有了孩子，还会这么激情地说：“赶紧拍起来。”没想到，第一个离开的竟是我的左膀右臂——天儿。

天儿在北京考研考了两年，家里花了不少钱，上了不少不靠谱的培训班。考研的路上，他用闲暇时间来片场跟我一起拍戏。我们总是会一起讨论剧本和分镜头，谈谈最近电影院上映的片子好不好。我总觉得，这帮人只要在一起，就有机会写出好的剧本，拍出感动自己的作品。可第一年，天儿落榜了。

父亲给他在家乡安排了一份工作，说：“你这么大了，总要自立了吧，不能总花父母的钱吧？”

天儿倔强地说：“再让我考一次，如果不行，我再回家。”

天儿的女朋友和他异地四年，也希望他回家乡发展。

天儿的压力很大，一天晚上我开车送他回家，他说：“我还是喜欢咱们在北京拼搏的日子，不想回去。”

我说：“你这么年轻，干吗回家图稳定，你喜欢喝茶、看报纸啊？”

他笑笑说：“我也想多经历一些，但这样，是不是有点儿自私啊？”

我摇摇头，说：“人总要活得有点儿理想吧？”

天儿笑了笑，那一路他一直在跟我讲梦想，讲到了很久以后的生活，讲到了我们工作室的规划。我也跟他讲了一路我怎么“忽悠”

投资方的故事。

第二年考研前，在天儿生日那天，他请我们吃饭。那天，他没怎么说话，吃完饭，我们就散了。

我隐隐约约地觉得，他有事情瞒着我。

之后，我们也就没有了联系。

我以为他考研忙，也没有过问。

考研结束后，我的新剧本创作完成，我准备等他回来开机。没想到的是，天儿给我的第一通电话竟然是："龙哥，我去三亚工作了。"

他在电话里告诉我，他多么不想做这样一件事，他多么想和我们在一起，可是，他不能这么自私地总是做自己喜欢的事情，总要为家人考虑一下，去赚些钱。

挂了电话，我鼻子酸酸的。心想，如果我能发得起更高的工资就好了。

前几天我们办活动结束后，我跟大家说："你们知道天儿走了吧？"

他们很久没说话。这些年大家在一起打拼，感情太深。

朋友很不理解，说："人不能总是为了赚钱吧？"

我说："你不懂，你是北京人，有车、有房。其实无论在哪儿，你都要先解决生存的问题，然后才能谈生活和梦想……"

我们的梦想还会继续，但是我明白了，物质基础是上层建筑的基石，没有生存的基础是不能谈梦想的。天儿走的时候，我给他发了一条微信，说：“去吧，我们都不会解散，在这里等着你。等我们赚到大钱的时候，再让你们一个个都回来。”

其实每个人都是这样的，在很多情况下，坚持不一定是对的。在你实现梦想之前，需要做很多自己不喜欢的事情，需要走一些弯路才能知道自己爱的是什么。那些站着生活的人，谁知道背后跪过多少次。迂回的成功不可耻，但只要你还不忘当年的梦想，不让世界改变你，不变成自己讨厌的样子，你的坚持就没错。

忽然明白了一些道理的精髓，曾经听朋友讲过，刚毕业的大学生，一定要先就业再择业。现在我知道了，一无所有的时候，先去做擅长的、能做的、能赚到钱的、能积累到人脉的，有了一定的资本，再去做自己喜欢的。可身边有很多人，毕业前不停地纠结自己能选择的工作，好的工作看不上他，差的工作他看不起，毕业一年多，仍然在家待着，每次别人问他：“你最近在干什么？”他都说：“在找工作。”

另一个朋友 S 从香港名校毕业，学的是当时火热的专业——新闻。她来北京半年多了，还没有找到工作。每次见面我都刺激她，说：“你怎么还没找到工作？”

她说：“不着急，没合适的，总不能将就吧。”

后来知道她去了很多用人单位面试，不是对工资不满意就是嫌地点太远，不是专业不完全对口就是别人看不上她。

慢慢地，我也不喜欢问她工作怎么样了。因为得到的答案都是一样的："不着急，没合适的。"

于是，我开始问："你什么时候找男朋友？"

工作和感情不一样，选错了大不了重新找新工作，不会伤害到自己。只有先去做一份工作，才能在工作中知道自己想要什么，知道自己擅长什么，不喜欢什么。只有先生存，才能谈理想。

我想，任何梦想和生活，都是要度过生存期那段连下个馆子都计划再三的时光的，否则，都是空中楼阁。在度过生存期的过程中，可能会失去一些宝贵的东西，或过得不如意。但不忘初心，记得每天提醒自己：这些黑暗只是为了今后的黎明，做这些不愿做的事情只是为了以后能更好地站起来。这样便好。

祝我们在北京都好

刚认识我们录音师月月的时候是在一个暑假，那天我上微博后发现，几乎每一条微博都有一个加着大V的人给我点赞。我看她的微博标记着“高级录音师”，虽然也不认识，不过那段时间电影面临开机，而录音师的岗位还空着，天赐良机，就赶紧搭了个讪。后来才发现她是我的学生，上课听我口若悬河觉得特别有意思，就过来狂给我点赞。没想到的是，我们后来成了非常好的朋友。

第一天开机的时候，因为监制没有把握好时间，我们拍到了凌晨四点半。我们剧组的大多数人都是多次合作的兄弟姐妹，知道这次拍摄出了问题，也没什么抱怨，该贫还是贫，该用心的也没人马虎，对于他们，我一点儿都不担心。这些年，有了这些兄弟姐妹，我才能有今天。来北京这么久，根本不觉得自己赚了多少钱、认识了多少人很牛。唯一觉得是财富的，是这些能在我想干一番事业的时候力挺我的人。觉得最幸福的，也是一群人能有一个共同的目的，并且一起努力。那天，我唯一担心的是刚加入我们的月月。她第一次进剧组，就要拍到凌晨四点多，明天说不定还要早起。休息时，我找到了她，她把小蜜蜂抱在怀里，正跟摄像师讨论下一个镜头。我走过去说："第一天就这么高强度，你受得了吗？"

月月说："还行。"

就是那两个字"还行"，我决定这个朋友要交。

收工那天，我开车送月月回家。没想到的是，她租的房子竟然那么偏僻：一个小单间，设施一般，很便宜。很难想象，一个小女孩一个人能住在这样一个地方。我送她回去后，说："保重，有什么事情记得跟龙哥讲。"

那天晚上月月发了一条微博：在北京这个很冷的地方，能有龙哥这个团队陪着，很温暖。

其实在北京，有很多这样的北漂，他们把梦想当作安全感，把希望当作灵魂的寄宿。他们可能没有车、没有房，但是这些人总是看着远方。我，也是这样的一个人。

后来我才知道，月月家是石油系统的，父母能够在家乡给她一份安稳的工作和稳定的生活。只要回家，就能很快结婚生孩子，过上好日子，不用愁在北京所有正在愁的东西。可是月月就是不愿意回去，自己考了高级录音师和高级混音师的证书，然后自己找了份工作，在北京坚韧地活着。

她的母亲很生气，也不理解自己的女儿怎么这么倔。而她为了让母亲放心，就告诉妈妈自己一切都好，很幸福。母亲要给她钱，她也说：“钱够，妈妈您放心。”然后挂上电话，默默地掉眼泪。

在北京的女孩子，很多人都是这样，深夜不痛哭，怎么谈人生?

一次月月高烧，几天不退，她走进药店，以为买点药吃就能好。药店医生一看惊呆了，说：“你这种情况再不去医院挂点滴命都没了。”

而月月却问：“打针贵吗？”

月月走进医院才发现，京城不仅米贵，药更贵。最难受的是她发现没人可以借给她钱，没人陪她挂号，正在她绝望的时候，母亲给她打电话。

母亲说：“你怎么感冒了？”

月月说：“只是有点儿鼻塞，没事儿。”

母亲说：“你一个人在那边儿注意身体，你的钱够吗，我给你打点？”

月月擦了一把鼻涕，说：“够。”

她找到了她的老板，问他能不能先把这个月的工资发了，然后到处打电话借钱……终于，她坐在医院开始打吊瓶，一打就是四天。

那天晚上，我听到月月讲这个故事，摇摇头开了一句玩笑，说:

"你慢慢变成了那个你想嫁的人。"可是开玩笑后，我认真地说，"你为什么不找我？"

月月说："知道你忙。"

那天趁着夜色，我送她回家，我再次问了她这样一个问题："为什么不跟爸妈说这件事情呢？"

她说："说了又让我回去，还不如不说，扛扛就过去了。年轻就是要拼一下啊，干吗要回去，回家看报纸啊？"

我语塞。

北京是一个神奇的城市，每天得为空气、交通、复杂的人际关系焦虑。在这里，女人 30 岁不结婚没什么，因为她们还在忙于社交；男人 40 岁还没有车、没有房很正常，因为这里需要摇号、房价很高。这里，一个人为了买一套房子十年如一日干着一份工作，不敢深造、不敢变动，觉得很正常；这里，一个人为了生活富足、无忧无虑，可以跟谈了七年恋爱的另一半分手，然后找一个大叔过着不"性"福的生活，觉得很淡定。困难那么多，可是，为什么这么多人还要留下来？

因为这里有希望，你能张开翅膀去把这个在家无法实现的梦想变成真的。

因为这里有朋友，在这里你可以和他们朝着一个共同的方向往前走。

因为这里有挑战，我们这么年轻，为什么要被父母规划着生活，

即使头破血流后再回去，至少可以说，我们努力过。

其实，月月的故事是在北京的每一个外地孩子的故事。他们本来可以回家过着那种开着车打卡上班，然后回家老公（老婆）孩子热炕头的日子。可是，他们倔强，他们不愿意就这样生活，他们不甘心这么年轻就过着这么枯燥的生活，于是他们开始了一段自己都觉得佩服自己的生活。

几年前，我从军校退学，新东方没有给我排课，我没有收入。父亲给我一张卡，上面每个月可以刷 3000 元，可是好面子的我，怎么都不好意思刷。我在北京租了一个单间，那个单间是浴室改装的，只要晚上有人洗澡，就会有很大的流水声，吵得我睡不着。那段时间，我在那个房间里面投简历，所有人都睡着了我才睡。记得有一年，爸爸来北京看我，看到我住的地方开始掉眼泪。我跟爸爸说："我很好啊，爸爸。"爸爸说："要不你赶紧回来吧。"

我说："等实在混不下去再回去吧。"

那段时间，我喜欢一个人看夜场电影，一个人坐在马路边上喝酒，一个人吃饭。但我从未觉得自己孤单，因为，那段时间，我还在读书，还在锻炼身体，还在努力工作。因为内心深处坚信，日子不会一直这么差。

一次我一个人走在世贸天阶，大屏幕上写着各种暖人的话：我们会一辈子在一起吗？你在哪儿，我想你！现在的生活不好，但是我相信未来……那些话忽然走进了我的内心，灯光映射出我的影子，一个背着包默默看着天的人。我已经不记得耳机里面放的是谁的歌，只记得脸上都是眼泪，哗啦啦地掉落。父亲打电话给我，我接了电话，说：“我很好，爸爸。”

后来，当老师有了点儿收入，隐隐约约地记得，第一次去高档餐厅，第一次能在街上开车，第一次有一个像家的地方住，第一次一帮人团聚在一起说说笑笑。每次开车去世贸天阶都会嘴角上扬，像是在对那段痛苦的过去微笑，就像记得那天在世贸天阶给自己许下的诺言：无论生活多难，都留下来。

其实，无论你在哪里发展都会有各种麻烦和心烦，不管你在哪个城市，不管你是否在父母身边，不管你是谁。

但是，那些倔强的人，总是会告诉自己：无论生活多难，我都不逃避。就算输了，至少我努力过。

那天，我和一个朋友在天桥聊天，我问他：“你看我们在北京，忙忙碌碌的，有时候活得还特别不像人，图什么啊？”

朋友给了我一个特别好的答案，他说：“为了以后过得更好。”

车水马龙，繁华都市，霓虹灯光，宁静的心。这一生这一世，为自己抬起头，至少要骄傲地盛开一次。

祝我们在北京都好。

24岁，送给生日

2008年，我考上军校，父亲带我来北京，当时在长安街的王府井北京烤鸭店吃了半只烤鸭。父亲说一只烤鸭我们吃不完，其实我知道父亲是在心疼钱。那段时间，家里供两个孩子和一套房子，父亲的工作也在变动，是家里最紧张的时候。半只烤鸭都是我吃完的，父亲说不饿。然后又买了半扎果汁，那顿饭我现在想起来都很难受。所以那时候我下定决心，以后好好赚钱，不希望过这样的日子。我还想，只要朋友来北京，我都会请他去吃北京烤鸭，而且是一整只。后来，我认为最亲的朋友，我都带他们吃了北京烤鸭，当然还加上一扎果汁。

2008年，我记得是奥运会，但我脑海中没有奥运会的记忆，只记得我在军校的疲倦、痛苦，甚至绝望，生活忽然夺走了我所有的东西，留下的只是一片绿色和一个所谓稳定的未来。寒假那天，我一个人走在长安街上，想起爸爸带我走过的路，我开始明白，父母再也不能带我走路，人生后面的路，我要自己走了。

2009 年 4 月 18 日，那是我离开家的第一个生日，当时我除了窘迫就是尴尬。高中有三个同学在北京，18 日那天，我偷偷从军校里面跑出来，想把三个朋友聚在一起，结果两个人有事，只有薇在我身边。但是薇在读公安大学，晚上要点名，薇说："就算点名我也要陪你过生日啊，这四年，只要我在北京，你就不会孤单。"然后她买了一个特别小的蛋糕和我一起吃，喝了一瓶啤酒。那是我来北京后第一次喝啤酒，喝完薇送我去车站，在车站，我看着路灯忽然眼角流泪了。薇兑现了自己的诺言，陪我过了四个生日。2012 年，我们毕业，她去了深圳，而我留在了北京。

2010 年 4 月 18 日，是我人生的转折点。那天，我报名了"希望之星"英语演讲比赛，是唯一穿着军装参赛的选手。学校不让参加这样的比赛，但我知道，这是给自己希望的唯一机会。我请病假出去比赛，现在想起来，谢谢当初那个不怕困难的我。初赛在北京语言大学，那天做试卷，做完我说自己没戏，然后就出来跟薇一起吃饭去了。没想到后来我初赛进，复赛过，半决赛北京市第二，决赛北京市冠军、全国季军，是决赛现场唯一非英语专业的学生。从此，我改变了命运，在军校破茧成蝶。其实从那之后，很多人说我是天才，而我只记得自己在空空的教室里拼命练习英语的情景。

2011年4月18日，那天，我认识了两个好兄弟——冬和楠，我们一起参加了北大组织的公益英语DOIT（一种新媒体），我们一起认识了阿不、Norton、澜。那段时间，我们三个无数次从部队里面偷偷溜出来，我负责开假条，冬负责拿包，楠负责找车，那些细节，我想这辈子一定会把它拍成电影。

生日那天，我们在团结湖的一个小咖啡厅聚集了三十多人，要了两大箱啤酒，喝得痛快。那天场子里的很多人如今已经不再联系，但是每次看到照片还是觉得亲切。时间打磨完一些东西，也会留下一些东西，留下的，都是最好的。

我曾经和冬说："生活会越来越好的。"说完回队过门岗的时候，哨兵问我干吗去了，这么晚回来，我们扶着冬，说他腿断了。

那一年，发生了很多事，我只记得和冬喝了不少闷酒，我只记得为了梦想我碰得头破血流。我更记得当我脱掉军装那天冬和飞哥在远处抹眼泪，飞哥跟我敬礼，冬说："龙哥，在外面好好混，等我出来我们一起改变世界。"而我只是看着远方发呆。

2011年，是我进入新东方的第二年。在新东方的前几年，我没有过一天舒服的日子，课件背了一遍又一遍，对着墙讲，拿录音机讲，锻炼写逐字稿。只是希望自己能够成为一名真正优秀的老师，对得起新东方给我的工资，对得起那些相信我的人。那段时间之后，我的课讲得很好，学生喜欢我，甚至有一段时间，我盲目地觉得自己特别不得了。后来，在写日记的时候，我把那一年写的所有东西都叫作《混乱的一年》。

那年，我开始一个月赚三万以上，我开始出入高档场合，开始认识各种“大牛”。但是我最喜欢的还是大排档，最怀念的还是那些朋友和亲人。

2012 年 4 月 18 日。那年生日，聚会现场来了快 100 人。我记得那段时间，因为自负，和阿不闹翻了；因为自大，和李昊吵架了；几个亲近的人全不在身边。那年，薇、代索离开了北京；那年，我过得很 high，但是经常一个人晚上发呆，听陈奕迅而不是五月天，听着听着就流眼泪了。

2013 年 4 月 18 日。这一年，我错误地喜欢上一个女孩，这段感情让我知道爱情和事业不一样，不是所谓的付出就有回报。有时候，这个世界不能预测太多，现实打败爱情很正常，只能说明两个人不够爱。更知道，对于感情，不要把主动权交给一个比你还不懂事的小孩。生日那天，她写给我的话，已经全部都成了回忆。她让我变得不喜欢自己。我开始明白，真正的幸福是努力成为自己想成为的人，然后找到一个不用讨好的另一半。

从她之后，我几乎丧失了爱人的能力，但依旧相信这个世界的美好，相信这个世界上有真爱，在某一个角落等我。

这一年，我丢掉了所谓华丽的外表，努力上课，成为新东方的顶梁柱；这一年，我拍了《在路上》《变质的选择》，我认识了李乐天、冯贺、赵程这帮在片场能挺我到底的兄弟，认识了尹帅、曲根、舒洋、飘沐这些在我迷茫时拉我一把的大哥大姐；这一年，我已经不再为吃、住、行担忧，我赚了一些钱，在北京有了自己的住处，能做很多自己喜欢的事情了。

那一年，朋友谴责我花钱大手大脚，我却回答说："我只是觉得，自己曾经寂寞过，所以应该享受这些繁华。"但后来也逐渐学会把钱用在该用的地方。

2014年4月18日。这一年，我24岁了，归零的生活：隐隐约约地感到，这是人生最重要的转折点之一。这一年，我给自己的压力也是前所未有的。几件事一起做，让我有点儿筋疲力尽。

但是我相信，一点点地走，路会越来越清晰。3月12日那天，我失去了生命中一个很重要的朋友，但是我知道，自己做得问心无愧。我离开北京去凤凰待了三天，把这段记忆丢掉。然后回北京，继续奋斗。

2月底3月初，我拍完了《崩溃青春》系列，并且拿到了优酷的青年导演培植计划，得到了56网全网首播权。我知道，自己的能量很大，更明白，我不能垮掉，因为我能传播的正能量其实很多。电影的热播让知名度忽然提升得很快，但只有自己知道，这些都不重要，只有远方的那个梦想，是心中的太阳。

一个月内，我拿下了驾照；一个月内，我瘦身20斤。

3月中旬，出版社催稿，我一个人去了河南一个小城市，用三天的时间努力写作。

我知道自己的路才刚刚开始，只是希望能够继续走下去，不回头地走下去。其实这些年这么拼命不是为了别的，就是为了能向自己证明，没人能够阻挡自己。

我在新东方开了第一个冠名单项班，同时在周末上几个班的课，并且发挥出了很好的水平。

4月18日，终于回到家。这算是这么多年来，第一次有爸妈陪在身边过的一个生日吧，更算是给自己放个假，安静一段时间。

这些年，感谢陪在我身边的朋友，见证着一切。相信我的人，不会让你们失望；不相信我的人，也祝你们幸福。青春是一支不会回头的箭，一路上有你们，我会感激，更会珍惜。

对未来，你无法想象我多么有信心，因为一点点往前走，所以我能看到希望。

这次回到武汉，吃到了爸爸妈妈做的好吃的。

父亲说:“你最难的时候已经过去了,以后的日子会越来越好的。”

我笑着跟爸爸说：“是的，会越来越好的，会的。”当我发现能够笑着写下上面那段文字时，才明白，一些路虽然很难走，但一定要学会一个人走，因为走着走着，你就能看到阳光。

只是赚钱而已

一

这次去尼泊尔，是一个偶然。曾经看过《等风来》，以为加德满都的风铃会奏出世界上最美的乐章，以为帕坦的寺庙神圣得让人感动，以为博卡拉的人纯朴厚道。可是当飞机落地的一刹那，我看到的是满地的烟尘、拥挤不堪的交通、摩托车和汽车间隔不到两厘米地飞驶。行人捂着鼻子的同时随地吐痰，司机疯狂骂街却又危险驾驶，摩托车惧怕车祸但依旧飞速行驶着。那时，忽然觉得脑海中那部电影里的尼泊尔，不见了。

我开始怀疑自己来错了国家，在大街上，一些人散漫地游行着，里面有许多和我年龄差不多大的年轻人，无所事事地走在大街上；大多数孩子没有穿校服，脸上脏兮兮地游荡着；做生意的人大多20岁出头。而在欧美国家，20多岁，正是学习的时候。我开始疑惑，穷和落后的背后，是不是教育的原因，如果是这样，这些家长为什么不重视教育呢?

当地人说，加德满都只有一所大学。

我惊讶地问：“那学生中学毕业了怎么办？”

那人说：“工作呗，不工作还继续上大学啊？”

那人的眼神中充满着不屑，就像受教育是多么可笑似的。

二

在当地的一家印度餐厅，我们剧组的几个人扛着摄像机坐在桌子边上。老板很nice，更nice的是他的孩子，个子不高，却能够说出一口流利的英语。他能很流利地跟我推荐千层面好吃、意大利面味道棒。我当过英语老师，深刻地知道，即使是中国的大学生，这两种面的英文也是很难读出来的。

我去过很多国家，很多收银员因为数学不好，结账的时候，服务员都会拿来计算器找零。可是这个孩子却能很快地做出减法，而且都能得出正确答案。这个孩子是我见过最聪明的，反应快，天生一个读书的好苗子。惊讶中，我终于开口问：“你多大了？”

他说："我10岁。"

后来在和他的谈话中，我才知道，他从6岁开始就帮助父母经营这家餐厅。他还有两个姐姐，都没有上学，为了生计，也学会了英语。我问他："那你想不想上学呢？"

他点点头。

我继续问："那你为什么想上学？"

他只说了一个词："学习。"

临走前，我走到他父亲面前，他父亲微笑地跟我寒暄着。终于，我还是问到了他为什么不送孩子读书。他跟我讲了很多原因：什么自己也没读书却能赚钱养家，学校里面还有老师打人呢，就算拿到学位也找不到工作……

因为印度英语很难听明白，所以最终我请他总结一下。

他总结得非常简单，而且易懂，两个字：没钱。

三

那么，他们是真没钱吗？幸运的是，在路上我遇到了两个德国人，他们在当地的孤儿院当了20天志愿者。那个德国人叫Aaron，他对尼泊尔的教育很了解。我问他："这里的教育这么差，是不是师资力量不好？"

他笑笑说："这里每年有大量的美国人、欧洲人到学校来支教，很多人一待就是十年。可问题是，很多家长根本不让孩子来上学。”

我继续问：“是不是因为他们太穷交不起学费？”

他笑着摇头，说：“跟学费没有关系，学费一年才 3 万卢比（人民币 2000 元），很多人开餐厅一年都能赚到 30 万卢比。他们中间不少家长，宁愿拿钱去娶二老婆，也不让儿女读书。因为他们内心深处根深蒂固的想法是读书没用。”

Aaron 是很难理解读书没用这样的想法的，在美国的地铁上，几乎人手一本书。而我却太能理解了，因为在不远的中国，很多人也认为读书没用。读书能当饭吃吗？读书能让我富裕吗？读书能让我买好房子吗？对他们来说，这里的“用”，只是赚钱而已。

在孤儿院的那天，刚好是他们的“洒红节”，孩子们拿着水枪和粉末抛向我们。他们还组织了战队，谁当老大，谁当小兵，然后有条不紊地向我们发动进攻，他们配合得愉快，交流得很用心。我们也泼水反攻，那天我们过得很开心。

晚上，我再次回到了那家餐厅。那个 10 岁的孩子，坐在前台，正数着今天赚到的钱，一边数一边记账。一旁是他的父亲。

我想，他的父亲错误地认为在学校只能学到赚钱的知识，却不知道，学习不仅是赚钱，还包含着团结合作、交流与开心。

利用好自己的碎片化时间

主动支配碎片化时间的有效方法：

第一，关闭没必要的手机推送、桌面广告。

动不动就推送广告的APP，请关掉它的通知功能，只留几个提供重要信息的APP，其他的一律选择免打扰。

第二，在产生心流时拒绝第一时间接电话和回微信。

每次创作的时候，我都会打开手机的免打扰功能，然后把手机放远一些，这样有利于持续产生心流。我的好朋友帅建翔老师发明了一个招式，当你把手机放在左手边（假设你不是左撇子），拿手机的可能性就小了好多。

一开始，我的父母、朋友都不太适应我不能及时接电话这件事，给我打电话经常找不到我，后来我跟他们解释清楚了，久而久之，他们也就习惯了。

这一生，我们要花很多时间跟身边的人沟通，很多事不沟通就会产生误解。

直到今天，我的朋友们有事情都是先给我发条信息，然后我在空闲的时间回复，这样既保证了心流不被打扰，也保证了我的创作是整体的、不被割裂的。

第三，寻找一个不被打扰的地方。

环境很重要，环境真的非常重要！比如，学生在宿舍基本上是没办法学习的，先不说室友会经常发出奇怪的声音，仅是你看到自己那张床，就足够让你纠结半个小时的；同理，在卧室、在有屏幕的地方也没法学习。

我学习效率最高的地方是在飞机上，那里具有几个特点：封闭环境；不被打扰；整块时间；手机使用不便。

第四，提前计划碎片化时间的用途。

比如你今天有两个会，两个会中间有三十分钟，这三十分钟的碎片化时间就可以用来听一门课、看一会儿书。假如你中间有一个小时的时间，可以选择去公司附近的健身房锻炼。假如你只有十分钟的时间，你可以把之前微信里存的文章看看。

如果你不提前计划，这些碎片化时间可能就会被你拿出的手机刷没了。最后，你也不记得自己刷了些什么。

第五，把相似的事情放在一起做。

比如，需要跟人交流的事情，可以把几个人连续地安排在一起解决；要在楼下买的东西，放在一起去买；看到好的文章，集合到一起读。

这样做的好处是避免你总是切换大脑，因为切换大脑需要时间缓冲。不信你可以试试，当你玩了半个小时再去看书，二十分钟以后，你觉得还是什么都没看进去。

列出你每天的碎片化时间吧：

培养跨界学习的能力

这是一个跨界的时代，更是个跨界打劫的时代：康师傅方便面从来没想过，自己的对手不是今麦郎，而是外卖服务；黑车司机也没想到，自己的竞争对手不是出租车，而是共享单车；当当一直和京东打来打去，没想到侵占自己市场份额的竟然是音频平台；人工智能扎入主持人行业，主持人沸腾了，因为他们从来没想过，机器也会跨界到自己的领域；小偷在街上偷不到钱了，并不是警察变多了，而是小偷的敌人变成了移动支付……

所以，这个时代需要年轻人做两件事：

第一，学会跨界，多掌握几门技能，为跳槽做准备。

第二，学会把这几门技能运用到各自的领域，成为复合型人才。

写一下你最想学的跨界技能吧：

训练自己的注意力

注意力 > 时间 > 金钱

为什么注意力这么重要？因为：注意力是稀缺资源。

人应该经常花时间去了解自己。

比如，我时常会记录自己的一天，看看什么时间段我的注意力是特别集中的。

人和人都不太一样，我早起那段时间的注意力就很集中，我一般会看会儿书。晚上也不错，我会写点东西，背背单词。

每个人都要找到自己的注意力专区出现的时间，并把这段时间利用好。

有些人的注意力专区是在喝了一杯咖啡之后；有些人是在自己健身跑步之后；有些人是一群人在一起学习、工作时，有些人是自己一个人关着门时；还有些人是一边听着音乐一边工作时……

许多人问我，要不要午休？这取决于你如何调整自己的注意力专区。

回想一下，你的注意力专区是在什么时候：

提高自己的核心竞争力

拥有一技之长，在哪个地方都能活得很好，在哪个时代都饿不死，这个技能可以涉及音乐、体育、艺术、语言、计算机、写作……

如果实在不知道学什么，建议学一门外语或者练习写作。

职场讲究价值，你的工资是反映你价值的侧面标准，而一技之长就是你立足职场的价值，不可替代性就是你在职场的灵魂。

所以，要提高自己的圈子、能力和特色，让自己就算换个工作，也能活得很好。

按照圈子、能力与特色这个法则，推荐三个方法：

第一，持续扩大自己的影响力，到更好的圈子里去。

第二，持续提高自己的能力与专长，变成一个大神。

第三，做一个讨人喜欢的人。

未来的职场人，只要有一个属于自己的圈子、一门独特的手艺，有个性，讨人喜欢，就能让自己活得很好。

写一下你认为自己最核心的竞争力吧：

给刚毕业的同学的三条建议

对于刚毕业的同学，我的建议有三点：

第一，如果迷茫，一定要先赚钱。建议你毕业后，离开你的城市或者家乡，去大城市。别觉得赚钱没用，赚钱是年轻时最重要的事情，但要赚正经的钱。那为什么一定要建议你年轻的时候去大城市呢？

大城市能让你变得更好的概率更大。大城市有更多的资源、更有能力的同伴、更好的环境，这些配得上更好的你。当然，如果你受不了大城市的快节奏，随时回去也来得及，毕竟你还年轻。

第二，用友情、爱情代替亲情。人的这三种感情要学会平衡，尤其是当你长大了后，要适当地离开亲情。人越长大，就越应该多留一些空间给友情和爱情，亲情的比例应该适当调整，否则，人总想守在父母的身旁，就无法长大。

心理学有一个时期被称为俄狄浦斯期，俄狄浦斯就是希腊神话里那个杀父恋母的人，人在成熟到一定时期后，应该完成心理上的与父母隔离的成长，成为独立的自我。

第三，先尽忠再尽孝。所谓“尽忠”，就是先去打拼，做好工作，再回到父母身边（或者把父母接过来），这样的代价是最小的。因为父母现在的身体一定是最年轻、最好的，也最能忍受得了你的折腾，而你现在的精神和身体也是最好的，也最能受得了自己的折腾。

所以，抓紧折腾。

写一下你未来三年的目标吧：

什么是真正的自由

这世上有三种自由：**经济自由、身体自由、灵魂自由。**

正确的做法是你先经济自由，也就是先找到工作，赚到钱，让自己不用再为了钱而出卖自己的时间，接着再去实现身体的自由，想去哪儿就去哪儿，想干点什么就干点什么，最后，才会有灵魂的自由。所以，在你毕业后，穷得一塌糊涂时，**一定要先去赚钱，再去考虑自由的事情。**

人没有绝对的自由，也没有绝对的自由意志。所以，给自己多一点选择的能力是我们年轻时奋斗的目标。什么叫自由呢？我的理解是：**有备选的人生，有可选的方案，有说“不”的权利。**

为什么有些人遭受了职场霸凌还不得不留在公司？受到了不公平待遇还要保持微笑？被人排挤了还不能说“不”？因为他没的选。

一个人能拥有说“不”的权利，也是一种自由。

写出如果实现了财务自由，你最想做的事情吧：

你一天中最有效的时间

人的认知能力在一天中不会保持不变。在 16 个小时左右的清醒时间里，人的认知能力是在以一种规律的、可预见的方式发生改变的。某些时段，人们会比其他时候要更聪明、更敏锐、更有创造力，但有些时候，人会更愚笨、更迟钝、更缺乏创意。

这些日常波动比人们想象的要更极端。每天的高点和低点之间的表现差异，相当于你喝大了酒和没喝酒的差别。

那么应该在什么时间，把重要的事情做了呢？

成年人早晨的思维最佳。当我们醒来时，体温会慢慢升高。温度的上升逐渐提高了我们的能量水平和警觉性，反过来又促进了我们的执行力、注意力和逻辑推理能力。也就是说，在这个时候，你一定要去做最重要的事情，比如背单词、完成棘手的工作，因为对于大多数人来说，最敏锐的分析能力会在上午晚些时候或中午左右达到高峰。

下午的时间，你可以多做一些不用占据你大脑带宽的事情，做一些天马行空的事情。比如拼个图、搭个积木。或者，你可以选择去锻炼身体，反正这段时间也没办法做什么重要的事情，让身体锻炼起来吧。

回想一下，你一天中做事最有效率的时间段吧：

目标没有实现时，如何重新开始

一般有了新的起点，一件事情便会赋予人更多能量。

但问题是，我们总是很难完成我们的愿望，比如你年初的新年愿望到今天好像已经忘得差不多了吧。研究表明，到了每年的2月，只有64%的新年决心仍在继续。越往后越惨，那怎么办，其实你并不用担心，一年里可以有无数的重新开始的时候，比如：

◎ 每月第一天（12天）

◎ 星期一（52天）

◎ 春、夏、秋、冬每个季节的第一天（4天）

◎ 国庆节（1天）

◎ 你的生日（1天）

◎ 某位亲人的生日（1天）

◎ 开学第一天（2天）

◎ 结婚纪念日、第一次约会纪念日或离婚纪念日（3天）

◎ 开始参加工作纪念日、成年礼纪念日、领养宠物纪念日、大学毕业纪念日（4 天）

所以，就算一些事情没有做好，也可以找到其他理由去继续重新开始了吧。

写出你下一个想要重新开始做的事吧：

培养成长型的思维

你是否在某些时候觉得自己很傻，好像大脑短路了？下一次遇到这种情况时，建议你将自己放入成长型思维模式，去想想如何学习和提高，然后回到正轨上去。

这里有几条干货分享给你：

1. 多听一些有关思维方式的讲座

有时候，你一个人死想一天，还不如老师一句话管用。

2. 参加思维模式研讨会

多跟一些具备成长型思维模式的人聊天，少跟那些死板的人沟通和相处。这点非常重要。

3. 迈出第一步

考虑好你的目标，想想怎么做才能实现它，都有哪些步骤，然后迈出第一步。

4. 持续改变

当人们为了拓展事业、治愈伤痛、帮助孩子成才、减轻体重或者控制脾气而改变思维的时候，你会发现，事情刚刚好转后，他们就不会继续坚持了。就像你刚好，就不吃药了。但改变自己不会持续，你减肥成功了，导致你肥胖的原因也许还在，你的孩子对学习有了兴趣，导致他不爱学习的原因也许还在。

所以持续改变需要时间，希望你成为终生学习者。

写出未来的学习计划吧：

四

其实国内也一样，有些父母因为没钱，所以不让孩子去上学受教育，因为不受教育，所以更穷。如果人人都不受教育，学校就会萎缩，教育水平降低，社会将更加混乱，这是一个恶性循环。

当人开始觉得教育没意义的时候，也就是这个人病入膏肓的时候。当整个社会都觉得读书没用的时候，也就是整个社会将陷入混乱的时候。

身边曾经发生过这样一个案例：

我的一个好朋友 YY，是一个农村的女孩子，2008 年考上了一所不错的大学。不幸的是，父亲坚决不让她上，而是让她继续种地养猪，以后就在村里嫁人。不让她上学的原因其实很简单，因为四年女孩子要花去两万多的学费。可交谈中，父亲并没有说钱的事情，而是这样反驳的：“上了大学也不一定能找到工作，找到工作也不一定比我给你安排的好，不一定能赚很多钱，何况上大学还要花那么多钱，说不定还学不到什么东西。既然如此，为什么不早点工作？”

YY 最后没有说服父亲，开始了自己的农耕生活，每天养猪、耕地、补衣服。后来，听说她嫁给了同村的一个铁匠，去年生了第二个孩子。

我在写 YY 的这个故事的时候，内心是愤怒的。因为上学读书受教育，为的不仅仅是赚钱，还为了能让自己变得更有文化，更认识自己，更知道自己想要什么。去上大学也并不仅仅是为了找工作，还为了交朋友，听大师的讲座，感受校园社会的氛围，读自己喜欢的书。这些，才是彻底改变一个人的东西。

为了一点学费，赌上了女儿的一生……后来的YY成了家庭主妇，日子听说过得还算可以，只是，我们再也没有见过她。一个家越穷越不让孩子受教育，越不让孩子受教育越穷，这是一个恶性循环。教育背后的矛盾从来不是金钱，而是那些可怕的意识。

五

最后一天在尼泊尔，我在加德满都买纪念品。店员几乎都是20多岁的小伙儿和姑娘，而店主都是他们的父母。很多店员都能熟练地讲中文和英语中的数字，但是，也就局限于此。当我们向他们咨询唐卡时，他们只能手舞足蹈地说“这个很好”，试图让我们了解，却很难让我们信服。每次离店的时候，我都很惋惜地看着他们和他们的家长，只希望他们能过得幸福。

Part 2

不后悔，就值得

任何走进你生命的人，只要他曾经让你变得更优秀，你就没有爱错。

人生本来就孤独，任何陪自己走完一段寂寞时光的人，都应该用心感激。

同桌的你

《同桌的你》里面有几个片段其实特别让我感动，其中一个就是：林一第一次跟周小栀表白的时候，周小栀说："如果你能够和我考上同一个大学，我就跟你，做你的女朋友。"第二次表白，周小栀说："如果你拿到军训标兵，我就跟你在一起。"第三次，周小栀说："如果你通过四级，我就确定我们的感情。"当感情确定后，周小栀每天只叫五分钟林一哥哥，但如果林一表现好的话，就增加一些时间，表现差的话，就减少一些时间。

周小栀说："如果多给你一些时间，你就不珍惜了。"林一却说："你干吗老在意这些规矩啊？"

我想起了几年前的一个朋友云，她的男朋友和她是一个学校的，两个人的宿舍挨得很近，见面花不了五分钟，所以他们经常中午互相送饭，晚上一起散步，早上还一起自习。那个时候我和女友相隔很远，一个月见不了几次，他们的状态让我特别羡慕。有一次我跟云说：“你们真幸福，想见就见了，我要是你就天天见面，幸福死了。”云说：“不，我规定了，每周只和他见三次。”我说：“为什么啊？”她说：“如果见多了，他就不珍惜这一段感情了。”

当天晚上，我和她男朋友一起吃饭，他跟我说：“我女朋友真神经，每周只让我见三面。你说，她是不是不爱我了？”

同样是那天晚上，我明白了，为了维持爱情，男女用的方法是不一样的。

很多人分手的原因，都是互相没有把话讲明白。男的以为女的不愿意见到自己，而女的怕见得频繁感情降温了。双方都想维持这段感情，却互相都不了解，话没有讲明白，甚至有些话觉得没必要讲明白，感情也就逐渐淡了。误解深了，矛盾也就浮出水面。要知道，结婚前，所有人都在做选择题；结婚后，所有人都在做判断题。

两年后，两个人分道扬镳，偶尔夜深人静的时候，一条短信加上一句晚安，然后继续过着彼此的生活，再也没有交集，见面形同陌路。

另一个朋友 L 是一个性格火热的人，找了一个不爱说话的 Q。Q 第二年要出国，两个人曾经旁敲侧击，互相透露了自己不相信异地恋。虽然他们没说，但似乎都约定着毕业季就是分手季。L 设想了很多场景，毕业那天两个人分手，然后一个人深夜流泪。他承受不了这种痛苦，于是，L忽然做了一个很大的决定——陪她一起出国。他说服了爸妈，边兼职边学习，那天他来找我辅导英语，我们一起学了一个月。他忽然告诉我，他不想出国了。

我说："为什么？"

他说："她放手了。"

那天他喝得酩酊大醉，酒吧里歌手在唱到《老男孩》的时候，他忽然哭了。他说："为什么就不愿意等我一下？我快申请成功了。"

我问："你们多久没有聊心里话了？"

他说："很久了。"

我说："所以，她根本就不知道你在准备托福吧？"

他说："对。"

我沉默了很久，看着天上的星星，很久没有说话。

青春期的恋爱，过多地被童话故事包围，对方认为两个人不用交流就能互相理解，甚至认为两个人就是上天注定最亲的人，大家过多地相信缘分，而忘记了沟通的重要性。

都以为我们既然是男女朋友，那我的一个眼神你就应该知道是什么意思，却不知道，就算是父母和子女，也要进行很多交流，何况曾经是素昧平生的两个人。

更有一些人说："唉，我女朋友不了解我。"可是你有没有想过，你跟她说过自己什么吗？

影片的最后，林一和周小栀还是没有在一起。直到周小栀结婚那年，他们才说明白了所有的话，说清楚了那年懵懵懂懂就提出的分手原因。周小栀说：“林一，我们败给了现实。”

可我知道，所有的现实，都能被交流解决，他们两个人没有败给现实，而是败给了缺乏交流。

多少感情，不是败给了现实，而是败给了缺乏交流。

周小栀在教堂嫁给她不爱的老公时说：“林一，我们回不去的。”

林一永远不会忘记周小栀，因为，是周小栀让自己变得更优秀。虽然两个人没有走到终点，但这种感情是永恒的。

任何走进你生命的人，只要他曾经让你变得更优秀，你就没有爱错。人生本来就孤独，任何陪自己走完一段寂寞时光的人，都应该用心感激。

青春那些充满感动的片段，虽然短暂，或许，会是永恒。

珍惜年轻时的恋人的最好方式其实就是交流，就是把心打开，让对方看到，让他明白，这颗心，依然留着对方。

如果你还在恋爱中，记得，爱情是一支不会回头的箭，找一个时机，把内心深处的话写给对方看或者说出来。让他知道，你做的一切不是他想的那样，只是为了更爱他；让他明白，你没有放弃，并依然在为两个人的感情努力；让彼此都懂得，两个人只要手牵着手，就没有过不去的火焰山，就没有战胜不了的现实。毕业季，抓紧对方的双手，敞开心扉，让彼此都能看到未来的阳光。

那些擦肩而过的人，是上天最好的安排

前段时间，我在家里写文章。那段时间，已经有几篇文章传播得很广，网上几个大V多次转载我的文章，微信上几个公众大号把我的文章改了名字转发得到处都是。因为看的人很多，所以那段时间，我拼命地把写过的文章一个字接一个字地修改，正无聊时，打开了微博。我的私信中，有一条很长的文字，看完后，我立刻点开了她的主页。忽然，震惊徘徊在脑海，因为写这段话的，是已经很久不再联系的那个人——我的初恋女友。

那一刻，我像是穿越了时光，回到了过去的点滴。她说，她看过我的一篇文章《分了就分了吧，遗忘祝福就好》。她继续说："本来以为这辈子再也见不到你了，可是，你的文字偏偏飘到了我的世

界。既然上天安排了这样一个节点，我想留个言给你，希望你幸福。因为现在的我，也很幸福。”

她的微博没有关注我，我看着她的文字，想起了过去的很多事。都说初恋难忘，可现在让我回忆，竟然只能记起一些零零碎碎。

好像是一个春天，那时的校园，没有风，尤其是夜晚，走在校园里很舒服。我送她回家，路灯下倒映着我们的影子，不时传来远处池塘里的一声声蛙叫。我经常会觉得，那种安静而自由的青春不去谈恋爱，真是可惜了。就像所有青春期的校园爱情一样，我们两个的感情平静又波折、模糊又难忘。高三那年，我拼命读书，为了高考拼死一战。那段时间，我与外界隔绝了。我跟她约定好，等高考时考同一个大学，然后在一起。结果，一次回家的路上，我在路灯下看见她和另一个男生手牵手，她笑得很开心。

可惜的是，那时的自己，太幼稚，把恨放在了心底。那种记恨，不仅伤害了别人，更影响了自己。我们再也没有联系，我也只是记得以上那些片段。高考结束后，我考上北京的一所军校，而她去了当地的一所大学。我们谁也没联系过谁，她的名字已经陌生，就像两个人从不认识。我当时抱怨过，这女人这么水性杨花，换男朋友跟换衣服似的，怎么会找到幸福。可有意思的是，他们两个至今还没有分手，据说要结婚了。

上天总在一些擦肩而过后，安排给彼此最好的选择。若不是这条留言，我已然忘记了她的名字，亦不知她现在生活幸福，此时此刻，很为她高兴。

来北京这些年，颠沛流离，也终于过上了自己想要的生活，更有爱人陪伴。虽说对前任已经忘得一干二净，但仔细想想，那些最青涩、最懵懂时学会的相处模式，是从课本上学不来的；曾经相互依赖、相互交流的能力，是哪个老师都无法给予的。感激每个生命中的过客，因为是他们让这个过程不孤单；更需要感谢那些离开的人，因为离开就意味着这个人不对了，至少在这个时间不对了。既然如此，更意味着，上天有更好的安排，会有一个更对的人在不远处等你。只要，你还相信爱情。

鲁豫在演讲时曾经说过自己“这该死的爱情”，她说谈了多年恋爱的两个人，因为现实分手了，她以为自己走不出来，痛苦多日。直到她遇到了他——现在的老公。她说：“我跟他只是淡淡地说了一句，我要结婚。”她继续说，“现在的我们，很幸福。”

身边有很多这样的例子，这些例子告诉我们，人要往前看，因为更适合的总是在路的前方。就像你在旅游时走进了一个果园，却被主人赶了出来。你需要做的，不是在果园的门口大哭大闹，而是擦干眼泪继续往前走，因为上天一定为你在路的前方安排了更美的风景。只要，你还对生活有信心。

我想起了自己的好朋友N，她凄惨的青春情感经历简直就是《匆匆那年》《致青春》《同桌的你》的合体版，各种狗血故事几乎全发生在了她的身上。更重要的是，她已经对另一半失去信心，自暴自弃。曾经有段时间我实在看不下去了，就跟她说："你换男朋友的速度能不能稍微悠着点儿？"她拿着一杯酒冷冷地说："不用你管。"

一次吃饭，我跟她开玩笑，说："十二个生肖和十二个星座，你是不是已经凑齐了？"

她说："你以为我想？我心里只有第一个王八蛋。"

她继续说："他伤害我之后，我久久找不到北，只能用另一个人去填补，结果这人也是个王八蛋。就这样，我变成了一个王八蛋。"

我拼命点头，说："你说得好有道理，我竟无力反驳。"

吃饭结束后，我跟她说："N，想认真地跟你说，在遇到合适的人之前，还是理智地保持单身为好。心里的空洞，可以用事业去填补，可以用友情去填补，可以用梦想去填补，拿不同的男人去填补简直是在开玩笑。"

她若有所思，醉醺醺地回去了。

一年后，她结婚了。第一次发了和他的合影，她的朋友圈再也不是求偶的状态了，这个女孩终于把自己嫁出去了，真为她开心。那次见到她，我喝多了，大喊一句："你终于相信爱情了。"

她拍着我的肩膀，说："上天给了我最好的安排。"

从那之后，偶尔我们见面的时候，她还会损一下她的第一个男朋友，但语言的冲击力就没那么强了，就像是在描述一件发生在别人身上的事情。那天我笑着说："有些人总要遇见几个不对的，再遇见一些不爱的，才能找到最好的。”她点点头。但我心中并不希望一个人谈很多场恋爱，真实的想法，是这样的：“感谢那些擦肩而过的人，因为时光证明了他们不是对的人，更重要的是，上天会为你安排一个更适合的，就在不久的将来。”

愿这两个故事能触动你的内心，使你依旧相信那些最美好的东西，比如说，爱情。

我想告诉你一些故事，让你继续相信爱情

又是一天的劳累，一个人静静地坐在电脑边上，旁边是自己的猫在“喵喵”叫，它还时不时地趴在我的腿上。有时候总会有这种感觉，如果自己是一只猫该多好，是不是就不用顾忌这个世界上的一些人带给自己的伤害？

因为如果自己过得没心没肺，这些伤害，是不会让自己那么难受的。

但是又庆幸自己不是这只猫，因为这个世界，毕竟还是给我带来了无限的美好，如果没心没肺，又怎么会感受得到呢？

这些天，可能是连续两篇文章都和校园爱情有关，总被人当成知心大哥对待，虽然我一直觉得感情对我来说是一个太深刻的话题。

一些人在人人网给我讲自己的感情故事，告诉我自己的前任是极品，告诉我现在感情正处在水深火热中，告诉我因为感情已经茶饭不思。

听得最多的故事，就是分手后自己很难受、很痛苦，问我有没有这样的经历，怎么解决。

有时候看着这些故事，会觉得无论是在别人还是在自己身上，这些故事都多多少少发生过。那些无法言喻的痛，其实都会随着时间的推移慢慢变得不那么令人难受。你走不出来，只是因为时间不够长，还没有冲淡一些东西。慢慢来，时间会带走该带走的，留下精华。

今天一个朋友给我留言："你好，我不认识你，但我想跟你聊聊，因为我的感情已经让我不想生活下去了。"

我当时愣住了，然后开导了半天，走进她的人人主页，看到的全是一些心如刀绞的句子。我顿时明白，那个伤害她的男生，在她眼中已经成了一个彻头彻尾的浑蛋。可是她没有选择去忘记他，而是不停地惩罚自己，放大自己的痛苦，让他看到，让他内疚。

可惜的是，他未必会去看。

于是她自暴自弃，生活开始一塌糊涂。

我无法继续和她的谈话，只能关闭了对话框。

一直觉得，感情是这个世界上最奇怪的东西，因为它能让一个好端端的人一下子失去了主心骨，变得脆弱不堪。

我想起拍戏时，摄像师在片场的一个片段。当拍到感情戏的时候，他忽然很不配合，然后骂了十分钟他的前女友。

后来我才知道，他的前女友跟他的室友好上了，前女友还怀孕了。

然后摄像师不停地咒骂她，一刻也没有停。

接下来几天，他像变了一个人，每天都在人人网上骂情侣，说自己不相信爱情了。他的高中同学在人人网上不停地删除他，他反倒更开心了，说真爽。

我问他："你干吗变成这样？"

他叹口气，说："龙哥，你没有失恋过，你不知道。"

我笑了笑，说："你知道吗，就在你跟我讲故事的前几天，我失恋了。"

他很惊讶，说："你是怎么站起来的，为什么看不出来？"

我说："因为我相信这世界上还有真爱，在不远处等着一个将要变强的我。"

他说："我是不信了，我已经被打倒了。"

我说："别闹了，你这么大的人了，这种事情还能打倒你？你只是不愿意再接纳新生活了，不愿意去相信一些东西了。"

青春期的很多爱情都是这样，你投入了一份感情，却和他（她）分手了。你觉得天塌下来了，你觉得受伤了，你觉得世界灰暗了。其实，放心吧，你比想象中要坚强，这些东西伤害不了你，真正让你痛苦的，

是你不再爱了，你不再相信爱了。

很多人都是这样。在前女友面前伤了心，第二份感情就再也不会付出全部真心了；在前女友身上伤了钱，第二份感情就对钱保持谨慎。你是否想过，你总是带着前任的影子跟现任谈恋爱，你不觉得亏吗？你认为你成熟了，其实你变得脆弱了。

分手不可怕，可怕的是，你再也不相信爱情了；可怕的是，下次一个人把真心放在你面前，你说，这是假的；可怕的是，你觉得这个世界上所有美好的东西，都是恶心的。

几年前，一个好朋友怀孕了，男朋友不仅不采取措施，还一走了之。我记得那天晚上她哭着给我打电话说借钱，然后好久都没有见到她。

一个月后，她康复了，跟我说："我好了，谢谢你！这是还你的钱。"

我当时笑了笑，说："你没事就好。"

她也笑了笑，然后扭头离开了。

那时，我想，这个打击真是不小啊，可能下一次，她不会再相信爱情了。

有趣的是，去年，她结婚了。男生比她大5岁，她每天给他做饭，他开车带她旅游。

我问她："你们怎么就看对眼了？"

她说："因为我爱他。"

那天我看着他们两个人在一起，忽然眼泪在眼眶里打转。

那个时候，我意识到了什么叫作相信。明白了即使生活把你弄得遍体鳞伤，你还是要相信这世界存在美好的力量。

这些年认识了很多人，交了很多朋友，但是真正知心的依旧是那么一些人。很多人就像是过客，在生命中停留一下就离开了。有时候觉得生命很滑稽，两个人昨天还手牵手，第二天见面就形同路人了。

随着我们不断成长，我逐渐意识到，这个世界上人和人之间的距离竟然是这么远，要相信一件事情，是多么难。

我曾经说过，我相信这个世界上所有美好的东西，即使被一些人伤害得遍体鳞伤。

那天有人说我装。

可只有我知道，写那句话的时候，是我曾经最好的朋友背叛我的时候。

一直想说，一段错误的感情只是证明之前做的一些事情不对、某个人不对，不代表着以后都不对，未来在某个地方，一定会有一个人等着你。而你需要做的，是让更好的自己去迎接，而不是带着阴影去质疑。

所谓爱情，是在一个特定时间段的一个特定产物。只要你在这段时间用心了，用尽全力了，结果其实就没那么重要了。就算分开的时候有一些伤害，只要这些伤害能够让你成长，只要这些经历能够让你变得更优秀，这场恋爱就是值得的。

总结一下失败的经验，然后收拾好行囊重新出发，为了遇到更好的人，更为了遇到更好的自己。

所以，我想说的是，失恋不可怕，可怕的是已经离去的人、已经不对的人，把自己打败，让自己失去了对这个世界美好的认知，让自己失去相信一个人的能力，让自己活在阴影中。

要记得，打不倒你的，只会让你变得更强。无论遇到什么，让自己阳光地微笑每一天，去感谢那些曾经陪过你的人，微笑着告诉他：“谢谢你，我会继续幸福下去。”坚信随着自己越来越棒，会有一个人在不远的地方等着你。这样的你，才应该是幸福的你，才应该是讨人喜欢的你，才应该是自己爱的你吧。

匆匆那年，只要一起全力以赴过，不后悔，就值得了

陈寻和方茴的爱情最终没有走到最后，就像很多青春期恋爱，男女主人公都会分道扬镳，留下郁郁葱葱的匆匆那年，留下一个能让人回忆一辈子的爱情故事，留下值得让人在安静的夜晚回味的一个个热泪盈眶的故事。

很多人怪陈寻不够努力，怪方茴太轻易放手，可是却不知道，他们真的努力过，只是在不同的时间分道扬镳了。就像最后陈寻跟方茴说：“除了一个孩子，该有的我们都有了。”其实，该做的，他们也都做了。

影片的几个情节让我很感动，陈寻在一切都结束的时候跟方茴说：“你可以骂我，但是不要说我没有努力过。”而方茴在陈寻投

出最后压哨三分球的时候，努力地挣脱了父亲的束缚，只是为了看到陈寻最辉煌的时候。陈寻在大学最骄傲的时候依旧会当众牵方茴的手，当着所有人的面宣布方茴是自己的女朋友。而方茴也会在醉醺醺的时候拒绝别人的拥抱，对所有人呼喊着“我爱你”。的确，他们努力过，可是，既然都如此努力过，为什么还是会分手呢？为什么最后还是没有在一起呢？

很多人认为，最美的爱情是两个人从高中开始，经过大学，然后毕业结婚生孩子，生活在一起，这样才是一个善终。却不知道，这看似简单的几个步骤，需要战胜的东西太多太多了，它包含着太多的不确定因素：时间、空间、两个人成长的速度和思维高度的不同，或者是其他人的介入。而他们的努力，都随着陈寻和方茴进入大学，随着这一切不确定的到来，忽然，变了。

很多人看完电影，默默地流下眼泪，想起了那些年发过的誓，想起了那些年给出的承诺，想起了那些年他们拉着小指说的“永远”。想着想着他们后悔了，想着想着他们忽然想穿越回当年，再过一次青春。可是，只要足够努力过，就不应该后悔。而你之所以后悔，是因为内心深处清楚地知道，明明当年可以更努力。但青春，是一支不会回头的箭，后悔是没用的，所以唯一能做的，就是下次再遇到一个好的、对的，别犯同样的错误，别同样矫情、犯贱就好。狠狠地爱，不计得失地爱，这样做或许仍旧没结果，但是会让自己过得更安心一点儿，不辜负自己的青春。

我想起了朋友东，他在读军校的时候，爱上了我们剧组的作曲小姑娘，两个人一见钟情，在最美的年纪邂逅，很快在一起了。

不久，东被分配到了安徽，而小姑娘则留在了北京，两个人正式开始异地恋。异地的每一天，他们都在打电话，说着甜言蜜语却够不着对方；传递着爱，却碰不着彼此。东还一直给小女孩寄礼物，还会每天发“早安”“晚安”，不定时地飞过去看看她。可是，最终，两个人还是分手了。

那天晚上，我接到东的电话。

我问他为什么，他说：“那天晚上她要陪别人喝酒，我不让她太晚出去。”她说：“你都不关心我，有什么资格管我？”东说：“凭什么没资格管你，我怎么没关心你了？”她说：“我哭的时候你在吗？”东说：“我说过会回来陪你的，我难过的时候，你呢？也不在啊！”然后他们越吵越凶，最后分手了。

我沉默了半天，跟东说：“虽然敌不过距离，至少你努力过，对吧？”

东说：“是。”

我说：“后悔吗？”

东想了半天，说：“至少，用尽全力过，不后悔了……可是，难过……”

几天后，东的生日，小姑娘发了一条短信给他，祝他生日快乐。那天，东再次打电话跟我说了他们的很多故事。我才发现，其实，小姑娘也努力过，而且很努力。

我感动地说："既然都努力过，为什么不重新在一起，回到当年？"

东笑了笑说："不可能了，如果还能回头，就不是青春了。"

每次我写完这样的故事，总会摇摇头，其实身边多少人都是这样的。两个人用尽全力了，但是因为时间、空间不在一个维度，或者现实太强大，最终导致最美的爱情没有开花结果。可是，这样没有结果的恋爱，或许更是永远，它存在记忆里，在夜深人静面对自己内心的时候，会安静地蹦出来，微笑着。而对于自己的青春来说，只要自己努力过，不后悔就行了。最青葱的日子，只要全心全意地爱过，剩下的，交给老天就好。

最后，我想起陈寻在回忆的时候跟方茴在球场上说了一句话："我后悔了。"可是，如果再给他一次机会，该来的沈晓棠还是会来。可是，再选择一次的陈寻会选择浩瀚的天空还是平静的地面？或者，如果再给陈寻一次机会，又能改变什么呢？

如果我是陈寻的话，至少我会爱得更用力一些，这样当现实的魔咒到来的时候，我可以含着眼泪说一句：我不仅努力过，而且用尽了全力。我想，陈寻之所以后悔，是因为他虽然努力过，但是还没有尽全力吧。

其实，青春的美好就在于没有那么多如果，是啊，如果乔燃当时在黑板上写下那句话就好了，如果赵烨早点儿抓住嘉茉的手就好了，如果苏凯不出现就好了，如果陈寻没有遇见沈晓棠就好了。可是，那样的青春，或许，就不再是青春了。

青春期的恋爱，往往没有结果，可是，遇见了，都是上天安排的缘分，用心对待对方，努力为未来拼出血路，两人一起朝着一个地方使劲儿，淋漓尽致过，汗流浃背过，剩下的结果，也就不重要了，匆匆那些年，才是永远。

所以，最后想说，不悔梦归处，只恨未尽心。感谢九夜茴送给我们的一个好故事。

灵魂若无平等交流，感情也就无处可栖了

半年前，我写了一篇文章《校园灯光下，请用双手紧牵对方的未来》。那篇文字说了几句“奶茶”和刘强东的爱情故事，那篇文章曾经说过，两人的爱情可能不会长久。我只记得，那段时间，无数的谩骂冲进我的人人和微博，告诉我女孩子就应该跟大叔好，并跟我讲了很多理由。

我看着这些谩骂，心里很不是滋味。当天，一个私交很好的朋友直接在微信上开骂，你不是“奶茶”，你凭什么知道她不幸福呢？然后把我骂了一通。她见我没还嘴，就把我拉黑了。

后来我才知道，这个女孩子也找了一个比自己大15岁的男朋友。

该来的，总会来。

该分的，也必定不会长久。

所以，这篇文字与“奶茶”无关。写写自己，写写我们吧。

记得半年前，我和耗子吃饭，跟耗子说过自己的爱情观。没有物质的爱情首先是不可能的，因为两个人在一起感情最终会平淡，面对的全部是柴米油盐酱醋茶。男生作为赚钱的主力，需要做的，是不要让自己的女人挺着肚子去挤公交车。但这一切的物质，都是基于两个人有爱的前提下。这里的爱，不是指荷尔蒙分泌，而是指两个人的灵魂是否可以平等地交流。如果没有平等的交流，只是男生弯下腰去爱女生，女生踮起脚去够男生，这样的感情，再富裕的生活状态，也只是没有结果的悲剧。

可是，这个世界很奇怪，人们总是先看所谓的门当户对、家庭背景，再看感情是否和谐。在英国，*Take me out*（《非诚勿扰》）的收视率很低，因为女嘉宾问来问去就是问男嘉宾“你的兴趣是什么”这样的问题。他们认为，没有共同的爱好，你再有钱，也只是你自己的而已。一直觉得，人和动物最大的区别就是人有感情，而动物只顾着繁衍。如果两个人连起码的平等交流都没有，拿什么去结婚，拿什么去说一辈子？

几年前，我在拍戏的时候，认识了一个很漂亮的演员。她的男朋友就是一个大叔，比她大 38 岁。一开始我们十分不接受，总是刺激她，跟她开玩笑。可是看她很幸福之后，所有人的嘴巴也就闭住了。每次拍戏休息的时候，她最喜欢拿着她男朋友送给她的进口化妆品补妆，幸福地说："他能照顾我，对我好着呢，每次我哭的时候，他都安慰我。"

而我总是会弱弱地问她："那他哭的时候，你能安慰他吗？"

她想了很久，没说话。

直到我们拍的戏杀青后，她在酒桌上跟我说："我想明白怎么回答你这个问题了，他不会哭的！"

一年后，他们分手了。

女孩子搬出了他的家，再次见到她后，我问她原因，她说："都挺好的，就是我们聊不到一起。"

是啊，当男人还在想明天那片地需要自己投资多少万，后天领导过生日需要送什么的时候，你却在想今天买什么包、明天淘宝化妆品打几折。你在痛苦的时候，他会陪着你，可是男人也会痛苦，他在痛苦的时候，你却只是在买化妆品。你不懂他的痛，他不理解你的喜悦，这样又怎么能做伴侣？

真正的感情，是要两个人能聊到一起的；最好的情侣，是能用灵魂平等地交流，是能用心去温暖彼此的。

每次我去自习室或者图书馆看书的时候，都会看见一些情侣在学习累了后打情骂俏。我不会怪他们动作太大，反而，我会有些许的感动。因为至少，他们在平等交流，他们有着同样的梦想，并且能聊同样的话题。这样的交流方式，无疑是对双方都好的。

我从来没有说女生和大叔在一起不好。但你是否想过，你找的那个大叔，他的生活次元是否跟你一样，他是否能和你平等交流。生活中，你用不用一直追赶着、乞求着让这份感情变得平等，而他会不会一直要弯着腰跟你说话。只有让双方都变得更好，这感情才是最美的。只有一方开心的感情，必定有一方是受迫的，这种受迫的感觉积累着，就会成为分手的源头。

而现实中，很多男孩子说好陪女孩子一起进步，却连玩游戏的时间都不肯牺牲，明知道只要付出一点点努力就能改变一些，却偏偏不去做，让女生看不见希望。很多女孩子说好不离不弃地陪着男生，却非要天天嚷嚷着买包，明知道少一个包能少很多压力，却偏偏要，还要怪男生没本事。两个人不在同一个世界生活，又怎么可能说永远？

所以，男孩子，如果你身边有一个陪着你的女孩子，记得别让她失望，放弃电脑游戏吧，要让自己变得更好，让她看见未来，让她相信自己的选择是对的。

所以，女孩子，如果你身边有一个陪着你的男孩子，记得给他一些信任，放弃虚荣的奢侈品吧，要让自己变得更优秀，和他一起创造未来，和他平等地交流，一起为未来做点什么。

写到这里，我想起了半年前，看见公园的躺椅上一对老夫妻牵着手，安静地看着公园里的人来人往，彼此一直没有讲话。他们偶尔互相笑一下，笑得很温暖，笑得很幸福。

面对面分手

朋友L和他的女朋友异地恋一年，分手了，他们是初恋。那天，他喝得酩酊大醉，说："她提出来的，说不爱我了。"

恰好，他的女朋友Z也是我的朋友。几个月后，我们聚餐时，才知道她一直没有找男朋友。聚会后送她回家的路上，她说："其实我还爱着他。"

L去了美国，据说移民了，很久没了联系。直到去年我去美国才知道，他已经在美国找到了工作，跟他在网上进行了久违的对话，寒暄几句后，他说："你最近见过Z吗？"

我说："你还没放下呢？"

他说："只是问问。"

后来我才知道，L就是因为Z才离开北京、逃离这个国度的。他可以逃脱生活，靠着自己的本事去美国打拼，可惜的是，这些年，他证明了自己的能力，却证明不了自己的爱情。他谈过几次恋爱，要么是文化不一样，要么是性格迥异，最后都没有结果。我明白，其实他最忘不掉的，还是Z。那天，我问L：“如果Z还喜欢你，你们会不会复合呢？”

他说：“不会了。”

我说：“为什么？”

他说：“毕竟，人变了。”

几年前，他们在一个社团里认识，两个人配合组织一场大型活动。有时候，所谓感情都是瞬间擦出的火花，男孩子被女孩子那一回眸吸引，女孩子被男孩子利索的处事风格折服，两个人很快相爱了。大学校园的爱情，清澈、美好，且无忧无虑，校园灯光下时常能看到两个人手牵手、肩并肩地回宿舍的身影，自习室里经常能看到两个人考试前互帮互助的亲密。两个人在一起三年，大四那年，女孩子去日本交流一年，男孩子极力挽留，但最终还是挡不住女孩子追求未来的脚步。

就这样，L在机场哭得稀里哗啦。他说：“我们都相信异地恋，对吗？”

Z说：“是的。你会每天给我打电话，对吗？”

L点头，然后抓住Z的手，说：“这一年，即使我有什么做得不对的地方，你都要当面跟我说分手，不要在电话里面说好吗？”

Z说：“我怎么会跟你说分手呢？”

L说：“你保证。”

Z点头，然后上了飞机。

关于感情，其实很多问题都是距离和时间造成的误会。对很多人来说，一千句“我爱你”比不上一个拥抱，一万句“你没事吧”不如一个人陪在身边。L化思念为动力，一心一意准备考研，每天给Z打一个电话。有时候两个人草草地聊几句，就匆匆地挂了电话，异地恋最大的问题就是在打电话的过程中没法看到对方的表情。他可能回复时带着微笑的表情，但是到她那里，却是一个冰冷的句子。两个人的误解越来越深，Z怀疑L有了其他女孩，而L却怀疑Z已经不爱他了。两个人的电话也越打越短，但L记得他们的约定：见面说分手。第八个月的时候，发生了一件事：日本地震了。

震源在Z所在的城市大阪，她们学校所有的学生移到了安全区，而此时此刻，L忙到没时间看新闻，忙到忘记了看手机。此时此刻，Z只想打给L，可是L竟然没有接电话。直到第二天国内的头条都在报道地震时，L才知道给Z打电话，可是电话一直打不通。L焦急地给Z所有能留言的地方留言：微博、微信、人人网。可是，石沉大海。

有时候生活喜欢捉弄人，一个悲剧的背后会接着另一个。也许是老天想要考验Z的承受能力，第二天，Z至爱的姥爷去世了。Z泪流满面地打通了L的电话。L接起电话不停地抱怨：“你怎么不接电话，为什么不给我打电话……”Z在电话那边抽泣，久久沉默。等L爆发完后，Z默默地说了一句话：“分手吧……”

电话另一边是死一般的寂静。这时，我猜Z也不知道为什么要分手，L也不知道，说好的承诺是见面说分手，却被最信任的人背叛。L捧着电话，听见了Z挂断电话的忙音。接下来的半个月，L打爆了电话，而Z只是关机。直到，L放弃了。

半个月后，Z走出了伤痛，在一个夜里拨通了L的电话，才听到：“您拨打的电话是空号。”

L换了电话，搬出了学校，本来决定了考研，结果报了一个培训班考托福。也是在那个时候，我和L认识了，知道了这个故事。巧合的是，在第二年夏天的一个聚会上，我认识了已经是外交部驻外翻译的Z。这个故事，我问了两个人很久，才弄清了前因、经过和结果。当决定下笔的时候，我还是流泪了。那天，我给Z打了电话，请她出来吃饭时顺便问：“如果你那天没有在电话里跟他说分手，而是选择当面分手，会不会就不分手了？”Z没说话，岔开了话题。

关于分手这样的话题，我往往是不愿意多写的。我对感情很敏感，任何分别对我来说都是难过的事情，何况还是一对曾经朝夕相处的人。但是两个人一旦没有了感情，或者是两个人已经没有了共同的话题，那拖着还不如早日了断去追求新的生活。但如果是误会或明明可以解决的矛盾，为何不把话当面说明白？其实很多爱情都是败给了误会，败给了不交流。现在的社交网络，把一个好好的人变得奇形怪状，有了网络做庇护，每个人都可以在生活中是一个人，在网络上是另一个人。社交网络虽然方便了两个人的交流，却改变了两个人。

作为码字者，我清楚地知道，写下来的文字和说出来的话，即使一样，但效果完全不同。比如，你写下来三个字“我爱你”，读者看到这三个字的时候是久久不能忘怀的，但在电话里面说出的这三个字是空洞的语音。很多误会，都是从这里开始的。又如，电话那头的人兴高采烈地跟你讲一个故事，你说：“我真为你开心。”如果这时，对方能看到你的表情，误会可能就减少了。可是，偏偏这时你的语气变化了、轻浮了、微微地不屑了，对方此时敏感了，误会就这样产生了。

很多情侣都遇到过这样的问题，他们在电话里跟对方吵得面红耳赤，但见面后，一个简单的拥抱，什么都解决了。因为，见面后，很多误会都解决了。所以，既然分手，何不当面再说呢?

如果能够自由恋爱，就尽量不要相亲

我见过很多这样的女孩子，她们和我谈过几乎同样的问题："我和男朋友相爱多年，但是爸妈不同意，所以，我们分手了。"

我经常问："你为什么不去抗争呢？"

她说："抗争不过，抗争着抗争着，就发现我不爱他了。"

我说："分了之后呢？"

她说："分了之后才发现是爱的。"

我说："好父母。"

其实这个矛盾点可以发散成各种各样的故事，造成各种人间惨剧。父母打出的牌叫作亲情牌，他们都会说"我是为你好，爸妈都是过来人""一看那个女孩子就不好""一看那个男孩子就没法儿给你带来幸福”“一看这个人就不靠谱”，然后提出了很多很多建议，最后，孩子扛不住高压，说分手了。也有倔强的孩子，对父母晓之以理，动之以情，矛盾加剧。更有甚者，父母痛苦地跪在地上，说：“你这个不孝子。”

几个月前，父亲让我给他同事的女儿介绍男朋友，我当时开玩笑说：“老爸，你不是想把我介绍过去吧？”

老爸说：“别逗了，我可不舍得。”那个姐姐之前有一个男朋友，后来也不知道因为什么分手了。她爸妈现在天天着急让她赶紧找一个，别老是下了班就待在家里，人都快待傻了。

我说：“好吧，太可怜了，我明天就去吧。我带她进剧组跟我一起拍电影吧，但是能不能有相配的，就要看她自己了。”

那天，我开着车去了她家，叔叔阿姨请我吃饭。

吃饭的时候，阿姨趁着姐姐上厕所，把我叫到跟前，说：“尚龙啊，你那里再开机或者有活动都把姐姐带着吧，你看她在家里也没什么事情，太无聊了。我给她介绍了好多个相亲对象，她不仅不要，还跟我发火，现在叫她出门都难了。”

我说：“阿姨，如果能够自由恋爱就尽量不要相亲。”

阿姨说：“你懂什么，我和她爸爸就是相亲认识的，现在不也挺幸福吗？”

我说：“哦，呵呵。”

阿姨说：“所以，介绍的其实非常好。”

我说："那她为什么和之前那个男朋友分手呢？"

阿姨说："之前那个男朋友是她大学同学，两个人谈了四年，你姐姐从兰州到了北京，他还留在兰州。我一看这都异地了，还整天发短信多浪费时间，我就想让他们分手。她爸爸更是受不了，每次看到那个男孩儿甚至还骂他。我就劝她分手吧。没想到那个男孩子还追到北京来了，现在在倒卖一些货物，他也不像你们这么有出息，我就让他们赶紧分手了。你姐姐还挺不愿意，你看我这不是为她好吗？"

我说："阿姨，那个男孩儿来北京多久了？"

阿姨说："两年多了吧。"

我说："阿姨，我来北京五年了，才开始拍电影，才有了住处、有了车。他才两年，而且没什么人脉，但还在努力，说不定以后会飞黄腾达呢。"

阿姨说："我看不会。"

我没有见过他，所以说："好吧，那请问您，我需要找一个什么样的男孩给姐姐？北京户口，有房、车，高的，眼睛大的，体贴的，喜欢幽默的？您还有什么要求吗？"

阿姨的最后一句话，直接刺痛了我的双眼，她说："我们家不缺这些，只要她自己喜欢就好。"

在对话结束后，我沉默了很久。

是啊，只要她喜欢就好，之前的那个男生她就喜欢，那你们为什么要拆散他们？你既然没有要求，为什么又瞧不起一个从兰州跑到北京，仅仅为了一个女孩子而成为北漂的男孩子？我虽然没有见过那个男孩子，但我能够感受到这个故事的血泪：莫名其妙地被拆散，一段有血有泪的心痛。

于是，我安静地吃完了那顿饭，走了。

很多父母都把自己的孩子当成心头肉，在决定了他们的学业、事业后，又开始决定他们的婚姻。我们父母那代人几乎都是经人介绍才相识的，几乎都是到了结婚的年龄不得已才选择了一个，然后凑合着、磨合着，变成了真爱。而这与自由恋爱最大的不同就是，自由恋爱讲究结婚前的互相理解、相互交流，是要经过一段时间恋爱了解彼此后才决定是不是要一起生活。而我们父母那一辈人，大多数人没有时间谈恋爱，也不懂恋爱，认为所谓结婚，就是柴米油盐酱醋茶，却忘了两个人在一起还要有爱情的火花和浪漫的谈话。

于是，他们开始根据一个男孩子家里有没有钱来打分，而忘记了这个男孩子是否有幽默感、是否有担当。于是，他们开始根据一个女孩子是否贤惠、会不会带孩子来打分，却忘记了这个女孩子是否有趣、是否饱读诗书。

当然，他们会反对我的观点，诗书算个屁，能当饭吃吗？幽默算个屁，能当饭吃吗？有趣算个屁，能当饭吃吗？我们既然选择了这样的恋爱方式，就别伤感为什么真爱早已经不在。

有人会说：“没办法，只能这样，爸妈太凶猛，我又太渺小。”

我说："你根本没有真正努力过。"

曾经遇见过一个女孩子，她找了一个没房、没车，空有一腔理想的男朋友，老妈开始说："他在北京没房、没车的，你跟他干什么？"女孩说："他对我好。"老爸说："你长得这么漂亮，干吗不找条件更好的，非要找这样一个男孩子？"女孩说："他对我好。"父母一起摇头，但她跟男朋友说了一句特别感动我的话："就算全世界反对，我也要跟你在一起。"

逢年过节，她都潜移默化地告诉父母自己很幸福，告诉父母有他在，自己在北京的每一天都很开心。

最后，父母看到自己的孩子这么开心，终于同意了。两个人现在已经开始蜜月旅行了。

有人说事业和学业需要一个人的坚持，我想说，爱情，同样需要坚持。但是，需要两个人的坚持。我一直认为，只要是真爱，就不会有人拆得散，即使是父母。只要你还对自己有信心，只要你还对另一半有信心。

对于父母来说，我特别想跟你们讲一个这样的故事：有一个小姑娘跟了一个混混儿，父母疯狂反对，拳打脚踢，反倒激发了她的逆反心，最后她和他私奔，两个人结婚了。当然，她和父母闹翻了。结婚后，她才发现看错了人，她很快地离开了他，不久，在读研究生的时候结了第二次婚，现在有了孩子，很幸福。这个人，就是我的表姐。我每次都在想，如果当年父母不对她施压，她很快就能发现她爱的不是这个人，也很快会结束这段感情，悲剧很快就会结束，甚至不会开始。可是父母施压了，这种压力让人产生了逆反心理。与其这样，在他们该谈恋爱的年纪，何必干涉呢？

所以，既然你选择了听爸妈的话去放弃自己的选择，就不要抱怨陪你下半辈子的另一半和你一起凑合着生活；既然你选择了不去抗争，就不要奢求那些浪漫的片段和惊喜的爱情；既然你选择了父母给你分配的配偶，就不要怪自己的老公或老婆变得和父母一样。

所以，择偶的时候，为什么不去勇敢地跟父母说一句："爸妈，你们为何干涉我的感情？我的感情，请让我自己做主吧。"

异地恋，如果你肯为对方减少选择

我身边异地恋的朋友，几乎都分手了。他们有的坚持了三年多；有的坚持到了见面，可缠绵了两周后，分手了；有的还没有开始就放弃了。除了一个人——飞哥。

飞哥是我的大学同学，被分配到一个基层部队，在单位，身边没有一个女生。其实从大学开始，他身边就没有女生。所以，那个时候女生跟我们谈恋爱很放心，没什么诱惑（当然现在就不一定了）。

记得有一次他操着浓浓的乡音跟我说：“尚龙，我找到女朋友了。”

我的第一反应竟然是：你也能找到女朋友？

但我还是按捺住自己的惊奇，弱弱地问了一句：“你怎么找到的？”

军校的假期很短，每年就三十来天，很宝贵。放假当天，他就回到了自己的小村庄，偶然遇见了他现在的女朋友小芳。两人一见如故，聊了很多，女生喜欢听他讲故事，男生喜欢跟她待在一起。接下来，像其他恋人一样，他们之间展开了一堆暧昧的故事，并且持续了很多天，除了没有表白。三十多天很短暂，很快就过去了，直到军校收假的时候，飞哥依旧没有捅破那层纸。他想，我现在连自由都没有，何况，连未来都没确定，怎么给别人幸福，怎么让小芳跟自己在一起？既然无法给她幸福，我还是不要开始第一步了。

可是，临行前，小芳送飞哥到了火车站，在火车启动的刹那，她大喊一声：“我愿意等你。”

这像是一个承诺，也像是小芳在五年前送给飞哥的一个礼物，而这个礼物的保质期，可能会是一辈子。

飞哥在火车上笑了一路。

我和飞哥是饭友，所谓饭友，就是吃饭的时候在一起，刷卡的时候平摊。我只记得那段时间，飞哥每次吃饭的时候，脸上都带着幸福的笑容。我看看桌子上都没有动过的菜，拼命地胡吃海塞，然后也露出幸福的笑容。

于是他们两个人开始了漫长的异地恋。几乎每天晚上，他们都会对着电话，聊很多自己的事情。

毕业那年，飞哥被分配到北京的一个基层部队，而此时此刻，小芳已经有一年多没有见到他了。飞哥的单位管理严格，几乎不让外出，连探望都成了奢求，只有每天可怜的几个电话。小芳有时候都会自嘲，自己跟一个电话好上了。小芳是理科生，身边的男生很多，那段时间，追求小芳的人不少，而小芳都没有答应，她告诉飞哥“我就是不能接受他们”。小芳为了飞哥，寒窗苦读，以三百六十多分的成绩考上了研究生，她说：“希望我的肩膀也扛得住我们的未来。”

今年过年，飞哥请假和我们一起跨年，小芳还在学校附近打工。跨年活动结束后，他就要回家看小芳。他的脸上，又是大学时幸福的笑容。他告诉我：“尚龙，我们异地恋五年了。”

是啊，不知不觉，五年了。

在我的身边，从来没有其他情侣，能异地恋五年。我问他：“这五年你们吵过架吗？”

他笑笑说：“连掐死对方的心都有过。”

我说：“那还坚持下来了，真不容易。讲讲秘诀呗。”

他说：“其实很简单，生活中我们都没什么选择。我是真的没选择，而她是不愿意选择了。异地恋能走下来，减少生活中的选择很重要。”

跨年那天，我们在世贸天阶。特别诡异的是，这一天，世贸天阶没有任何形式的跨年活动，我们一群好朋友兴高采烈地过去，却只是自己对着自己的表大声喊倒计时。回来的时候，耗子跟我说：“太坑爹了。”我姐却说：“管形式干吗，这帮人在一起，很幸福，不就够了吗？”

我回头看看飞哥，他没有说话，只是再次拨通了电话——那个这五年他一直会在夜深人静、寂寞伤感时拨通的电话，那个他一直会在幸福喜悦、感动落泪时拨通的电话。异地恋五年，他们是否还会走下去，谁也不知道。但至少，他们现在很幸福。两个人为对方减少了选择，那过程虽然痛苦，但是他们为彼此付出着，也就不觉得苦了。其实生活中没有了选择，双方也就自然而然地建立了信任。只要你肯相信，电话里这个人是会陪你走完一辈子的人；只要她坚信，电话对面的这个人是独一无二的。而这一切，只需要你断了自己的其他选择，让爱情不要分岔。

我们都以为大多数异地恋悲剧的产生，是输给了距离、输给了时间。我更明白说了一百句“我爱你”，都不如身边人的一个拥抱。但其实，你是输给了那个更实际的他，你是输给了在内心深处更多的选择。异地恋很苦，明明两个人很相爱，可难过的时候他不在身边；想跟他说两句话，却看不到他的表情；想发泄的时候，他却在忙自己的生活……可是这个时候，如果忽然出现了一个人，在你难过的时候给你个拥抱，想说话的时候给你微笑，想发泄的时候陪你大叫。你要拥有多大的勇气，才能拒绝那些新的温暖，去守住你们之前的约定。

所以，异地恋往往是不靠谱的。因为，人毕竟活在当下。所以，唯一让异地恋持续的方式，是断掉现实生活中的其他选择。

很难。

但谁说维持住异地恋简单了呢？

我记得好友N和他女友恋爱的故事。N是北大的风云男孩，社交能力一流，英语说得也好。我认识他的时候，是英语培训市场乱到崩溃的时候。我一直觉得，英语培训市场是一个很诡异的市场。教课好的老师，收费贵；看大家不报名，一些机构就用“免费”“一元钱上课”来搅乱市场，等大家进入状态听得差不多的时候再收费；一个班就要几千元钱，很多学生牺牲一个月的生活费去上一个班。这样，想上好课唯一的途径，就是交钱。教育变成了贵族专利，平等荡然无存。那年，我和N认识，他建立了北京第一个免费学习英语的机构DOIT，那段时间，我们靠着微薄的收入维持着我们的梦想。虽然很难，但每次看到一些学生告诉我们，他们的英语水平提高了不少，就觉得很满足。N身上有一种我很佩服的态度，他想改变世界，他认为人生来就是为了改变世界的。他的这个态度，持续了很久，我们很欣赏，很喜欢，直到有一个女生走进了他的内心深处。

他和他的女朋友开始交往的时候，女孩子还是一个大二的学生，加入了DOIT。她对他的爱，更多的是一种崇拜。他带她去见外面的世界，而她也深深地被他折服；她照顾着他，他也满满地幸福着。毕业那年，女孩子去了牛津大学学习，而男生留在了北京，开始了自己的创业。DOIT解散，N也变成了一个整天读创业、盈利书籍的人，他脑子里全部都是怎么赚钱，为了给这个女孩子创造出幸福的生活。他确实变了，我曾经问他："为什么不搞公益了？"他说："我们每次通话，她都告诉我她身边谁谁开着宾利，谁谁又带她去吃西餐了……"

这一别，就是两年。

女孩子回来后，我们一起吃了一顿饭。整个饭局，都是女孩子的冷嘲热讽，她抱怨N浪费了她的青春，她描述着自己在国外拒绝了很多追求者，眉飞色舞，然后瞪了一眼边上坐着的N。而N只是在默默地吃着饭。

我姐姐弱弱地问了一句："你还准备搞公益、搞创业吗？"

N正准备回答，女孩子冷冷地说："公益有什么用，创业失败了怎么办？"

临走前，N悄悄地跟我说："千万不要异地恋，人的变化太快了，别说几年，几个月后我们就不再了解对方了。双方面临的诱惑都太大了，一定要记住啊。"

那一次，是我们最后一次一起吃饭。

异地恋几年，不可预测的事情太多了，似乎异地就必然分手。可是，总有一些人能带来一些曙光，他们告诉我：只要你还相信对方，只要你还记得你们之间发生过的那些感动瞬间，只要你肯为对方去减少你现在生活中的选择。

可是，如果你因为异地分手而选择了另一个你认为更好的人，过得很幸福，恭喜你。因为，没走下来的，只是这人在这个时间段不对了，既然不对了，就放手吧；没走下来的，只要你努力过，都是缘分不够而已。

飞哥的故事告诉我，异地恋是有可能的，至少，听完飞哥的故事，我感觉很温暖。那天跨年，飞哥告诉我：“异地恋其实很好，这样我能有很多时间去想她啊。”

星星在闪烁，风虽冷，但依旧能看到他的笑容。

飞哥继续说：“她也有时间去想我……嗯……只想我一个人。”

别和太爱的人结婚

曾经的一个好朋友，典型的传媒女孩子，喜欢一切有意思的事物。因为英语很好，所以考研高分，读了一年研究生，却退学了，理由是无聊。去了外交部当翻译，干了两个月跟领导吵架辞职了，理由是领导太官腔了。她去过很多地方，认识很多人，也读过很多书。她总说，好女孩上厅堂，坏女孩走四方。在我眼中，她无疑是那个"坏"女孩，"坏"得不行的女孩。

她这样的性格，无疑谈了很多次恋爱，每次都刻骨铭心。她爱过的，有摇滚歌手、主持人、演员、街头混混儿……甚至还有一个罪犯。每次我跟她聊天，听着她的故事，满脑子都是鲜活的画面，等着我拍成电影。她身上发生的很多爱情故事，一些成了我笔下的故事，一些成了我拍的电影片段。

我经常感叹，这种女孩子，谁会和她过一辈子？或者，她会要谁陪她一辈子？有一天，我和她聊天，她告诉我，明年，她要结婚了……

我问：“又是哪个摇滚歌手？”

她说：“一个比我大5岁的老师。”

我愣在了那里，久久不能回话。

许久后，我说：“为什么？”

她说：“作死了这么多年，才知道这次是真爱。”

我说：“是因为这次更爱吗？”

她说：“不，是因为，这次两个人最舒服。对了，不要跟最爱的人结婚，太虐心了。”

那一刻，我惊讶了。

我想起了小时候读《再别康桥》，特别好奇，林徽因为什么没有跟大才子、大情圣徐志摩在一起，而是选择了踏实的梁思成，梁启超之子。当时困扰我的是，既然相爱，为什么不结婚过一辈子？

后来，我明白了，如果我是林徽因，可能也会选择梁思成。因为她太爱徐志摩了，因为爱得太深，所以在很大程度上，如果两个人结婚后天天在一起，就是一种虐心。那些激情过后的平淡，或许会真正地打败两个人，因为太爱，所以不会趋于平淡，会不停地找出一堆事，互相爱着、虐着。

后来，从徐志摩和陆小曼的婚姻就能看出来，因为太爱，他包容陆小曼所有的缺点，无论她是对是错，他就是那么努力地爱。为了她能吸大麻、参加社交活动、买好看的衣服，徐志摩不停地兼职赚钱，劳累到身体出问题。最后在一次去往讲座地点的途中，意外死于空难。谁又能说，这和那种海誓山盟的爱没有一丝一毫的关系？

这世界上有多少情侣，热恋期过后，自己找出各种事情，想延续这种高温的恋爱，却不知道，这样持久高温的恋爱，一不小心就会烫伤对方。我曾经见过一个女孩子为了证明男生还爱她，让他去为自己打架，最后引发悲剧。

婚姻这东西，跟谈恋爱不一样。读三毛的作品时，会觉得爱情是这个世界上最美的东西，但是，那些爱情都会在结婚后变成最舒适的亲情。我能够想象，如果两个人在结婚后还会为了找一个话题，吃饭的时候不停地说话，那样的感情，想必不会舒服。而你的另一半，一定要和你舒适地在一起，就像左手牵右手一样，舒服就好，而不用像恋爱时，一碰对方的手，就分泌出荷尔蒙。那样的爱情，恋爱中需要，但婚姻中可能就多余了。

所以，这次我坚定了一个观点：结婚就是结婚，不是恋爱，恋爱可以跟自己最爱的人谈。但是结婚，记得找让自己最舒服的那一个。

有人可能会反驳我，谈恋爱就是为了结婚，不是最爱，我结什么婚。

有时候我会思考，如果一个人跟你刚谈恋爱就说要跟你结婚，这些人是不是只会被分为三类：一、乳臭未干的小孩，跟谁都想结婚；二、感情骗子，给你个承诺，不兑现；三、老江湖，玩累了，想赶紧找个人安定下来。可是，哪个才是你想要的呢？

恋爱和结婚，不是一回事。我记得《中国合伙人》里面风流倜傥的王阳，最后选择的，竟然是一个长相非常一般的女性。当被问到为什么时，他说：“因为她烧的饭好吃。”所以，我明白，其实走到最后的两个人，不一定是最相爱的，但一定是最让彼此舒服的。

如果你还没结婚，还在恋爱，并且他是你最爱的人，看到这篇文章，别着急，别绝望，努力用最舒服的方式和最爱的人相处。如果你们还是爱得死去活来，在趋于平淡后不甘心地互相虐着，最后没走到一起，没关系，因为至少在最年轻的时候，你付出过全部的爱，不后悔就好。而那份没有结局的爱情，或许，更是永恒。

被照顾得越好的人，越矫情

曾经一个好朋友跟我聊天，抱怨自己的男朋友，说到激动处甚至决定和他分手。

我问："为什么？"

她说："他根本不懂我。"

我说："比方说呢？"

她说："比如说今天，我发了那条朋友圈。他问我有没有事情，我说没事，他就说'哦'，然后挂电话了。你说他是不是不懂我？"

我愣住了，没说话。

她继续说："还有好几次，我生气了，特别明显，我都不跟他说话了。他竟然让我早点休息，说他也累了。你说我能不生气吗？

你看，他根本不懂我。”

我继续不说话，安静了一会儿，说：“那你觉得，你这样对你爸妈说话，他们会怎么样呢？”

她说：“爸妈能跟男朋友比较吗？那要男朋友干吗？”

我说：“你给过他机会让他了解你吗？”

她说：“都在一起这么久了，还不了解吗？”

我已经听不下去了，所以小声嘀咕了一句：“那你自己了解你自己吗？”

她说：“李尚龙，滚！”

这个对话，让我想起了很多学生跟我抱怨过的话题：

“我男朋友根本不了解我，他只知道自己的事业，一点儿也不知道我想要什么。”

“我爸妈不懂我，他们根本不知道我爱什么，只是把他们自己喜欢的东西强加给我。”

“我女朋友根本不明白我，她完全是个白痴，暗示半天都不知道，我生气了。”

云云。

那个时候，我特别想问：“你自己，懂你自己吗？”很多女孩子都是这样，她们只是使一个眼色，就希望自己的男朋友知道自己的愿望，以为男人都是福尔摩斯；很多男孩也是这样，很多事情他们也不说，只是生闷气，最后导致两个人冷战，感情破裂；很多小孩子也是这样，他们回去一顿大喊大叫，旁敲侧击地希望父母明白自己想要什么，他们认为父母就应该懂他们，理由就是“你们是我爸妈”。

被照顾得越好的人，越矫情兮兮地希望得到更多，他们病态地通过这个来证明自己还是地球的中心，他们渴望爱自己的人无条件地了解自己，又不愿意直接告诉对方，怕被直接了解了内心深处的想法而没面子。所以，这些对话我经常翻译成：“我很不爽，为什么不爽呢，不告诉你，你猜，猜不到吗？使劲儿猜。猜不到，所以我不开心了。”

其实这种人八成是韩剧看多了，认为人和人之间，不用交流就能知道对方想的是什么，你看电视上两个人多么有默契，再看看我们，唉……

殊不知，在这个世界上，没有人应该无缘无故地懂你、了解你，更没有人能够在你不告诉他的前提下，就能分析出你在想什么。无论是爱情还是亲情，交流都是避免问题的最好方式。

从小到大，我从来没有和父母有过这样的对话，让父母猜自己想什么，我和老爸老妈都是有话直说。直到现在，爸妈都非常理解我，我也很爱他们，明白他们想要的是什么。

记得大三那年，我不想继续待在军校，然后决定离开部队退学。父母都是在部队多年的老兵，阻止我是必然的。那段时间，我知道自己根本没法通过父母这一关，赌气关掉了手机。一个人在北京，不接父亲的电话，也不回母亲的短信。

那个时候，我没有蒙着让父母猜，而是写了一封很长的信给父亲，告诉父亲如果我退学了我会做什么，写明白了自己的计划，为什么要离开部队，权衡了二者的利弊。最后，我得到了父母的支持，哭得稀里哗啦，而那一刻，我懂得了交流是一件多么重要的事情。

在这个世界上，就算是父母也不可能无条件地懂你，何况你什么也不说，只是一味地让别人猜测，怎么可能让别人明白你究竟在想什么？你在问别人是否懂你的刹那，有没有问过自己是否给过别人机会懂你？是否问过自己，你懂你自己吗？你要的懂，又是什么意思？

我的好兄弟冬前年离开北京，我们已经不在一起两年了，但我们直到今天都是默契如故，有时候他比我的家人还要懂我。比如他会知道我什么时候没有吃饭，什么时候又在熬夜，知道我不喜欢谁，知道我何时软弱了还在故作坚强。

我从来没有奢求过他能够理解我，但他就是很懂我。幸运的是，我身边有很多这样的朋友，晶姐、昊哥都是这样。后来，我回顾我们交流的日子，都是那种一点儿鸡毛蒜皮就会聚在一起说半天的时光，交流到位了，也就真懂对方了。我们从不会试探对方，问你懂不懂我，更不会让对方猜我们想的什么，有什么就直接说出来了。

所以直到今天，我们的关系很好，也会一直好下去。

多少感情，输给了“你不懂我”“我不爽，你猜”。等你长大了，

到头来才发现，一个人前行是常态。孤独的路上，如果有一个懂你一点、陪你一段的人，就是幸福，是多么不容易的事情。孤独的路上，若不交流，何谈懂得？幸福如此短暂，为何还要恶意试探，一些矫情、一些沉默，会让这美好风败云残，既然这样，何必生事？

愿你能找到那个懂你的人，并且一直幸福地走下去。

所谓感情，就是能有共同话题

2010年我第一次组队去拍戏，作品名字叫《在路上》。在选演员的过程中，我认识了一个非常漂亮的女孩子，叫小玉。介绍她来我们剧组的是我一个特别好的哥们儿，也是她的前男友。因为她读书读得多，看起来很知性，所以试镜结束后，我们一起去喝了咖啡，聊了剧本的角色。最后，聊到了我们共同认识的那个男孩子。

我问："你们之前不是好好的吗，干吗要分手？"

她喝了一口咖啡说："因为女孩子年轻的时候，需要投资一个有安全感的男孩子，而他毕竟还在事业起步期，不靠谱。"

我说："为什么不愿意相信他能够成就一番事业呢？"

她说："我愿意相信，可是我只有这么几年青春，在最好的年岁还是赌一个靠谱的人吧。”

我问：“什么叫靠谱呢？”

她说：“至少有点儿钱、有车、有房吧。”

我说：“这些重要吗？”

她说：“不重要吗？”

我说：“和感情比起来不是那么重要。”

她说：“你还小。”

我笑了一下说：“大叔可以吗？”

她说：“反正我不抵触。”

我叹了一口气，感叹了一下。的确，我总觉得，现在的年轻人很不容易，他们不仅要和各种二代争夺资源，还要跟爸妈那个年龄段的人争夺……

我弱弱地问了一句：“你这样太现实了，会幸福吗？”

她说：“你不是女生，不知道。女孩子一辈子都在赌博，赌一个自己爱的男孩子，搭上自己的全部，然后去相信他会一辈子对自己好，能给自己幸福。而这些，都是由物质和生活经验决定的，这些东西是最重要的。”

其实我的那个哥们儿挺不错的，英语好，还有一份稳定的工作。只是我们这代人，再怎么优秀，也不会比大叔什么的更有社会资源，也不会比大叔更有生活经验。毕竟，我们还年轻，活的日子没他们久，大部分人也没有父母做超强的后盾，靠自己的双脚一点点地爬，虽然很慢，但至少还在前进。只是，前进的速度，怎么也赶不上这个城市房价的涨幅。

聊完后，我默默地改我的剧本去了。

一段时间后，我知道她恋爱了，并且很快和对方住在了一起。找的男朋友十分有钱，家里是拆迁户，呼风唤雨的背景正合她意。偶尔和她见面的时候，我跟她开玩笑说："好在不是大叔。"

她也笑笑，说："好在还不错。"

接下来的日子，我继续拍我的电影、上我的课，而她也在幸福中过着日子。一个人确定了另一半后，都会在朋友圈中销声匿迹一段时间，尤其是异性朋友，很难知道她的行踪。至少，她的苦和乐，也只有那个最亲的人能够明白，而其他人，都只是像看电影的人，看不到拍电影背后的艰辛和乐趣。

几个月后，我看到了她发的朋友圈，上面写着这样一句话："终于，我可以做自己了。"

我急忙一个电话打过去，才发现她和那个男孩子分手了。我以为是被甩了，后来才知道，是她执意要搬走，给他留下了一个冰冷的房间。

我惊讶地问："他符合你要求的所有东西，你要的他什么都能给，为什么分手呢？"

她说："我和他没法儿聊天，完全没有共同语言。"

接着她给我讲了他们两个人的故事，除了各种狗血之外，我印象最深的一句话，就是她临走前，跟她的前男友说：“你能继承你父母的所有东西，唯一继承不了的，是教养。”

后来我才明白，两个人完全无法交流，吃饭的时候，这个女孩子和男生聊了很多自己喜欢看的书，而男生却一直在看着动漫、玩着网游。女生想出去转转，而男孩子却执意留在北京，说北京多好啊，为什么要去那么多地方，女生因为经济不能独立，于是只能听他、任他。女生的母亲来到北京，男生去接，他甚至都没有下车。女生说：“你怎么这么没教养？”而男生却很奇怪地说：“我都来接你妈妈了，怎么就没教养了？”

久而久之，两个人的聊天变成了一个人将就另一个人，生活上一个人迁就另一个人。的确，两个人在物质上无忧无虑，可在精神上，却出现了鸿沟。两个人的话题完全不在一个频道上，思考不在一个节奏上，接下来的生活，女生发现自己前所未有地累。这种累，与钱无关，与物质无关。然后，就没有然后了。

写完这个故事，我想起了当时的一个好朋友，她毕生的梦想就是嫁给一个大叔。她所有的恋爱，都是跟比自己大至少 10 岁的人开始的。直到有一天，她发了一条朋友圈，说自己再也不会喜欢大叔了，因为他们只是把自己当小孩儿。

的确，大叔满脑子都是公司的事情、房价涨了多少，小女孩儿的脑子里还是今天要买什么包，明天能不能去淘宝买点儿新的首饰。两个人无法成为精神伴侣，连交流的话题都变得很少。不知不觉间，心也就越来越远，慢慢地，两个人的感情也就没有了。

曾经看过英国的节目 *Take me out*（《非诚勿扰》），其中的女嘉宾问来问去就是一个问题：“你的兴趣是什么？”中国人笑英国人傻，你们怎么问这么肤浅的问题，你们看我们问的：“你们家几套房子？”可是，真正的爱情，不就是双方能否有共同的兴趣、能否有共同的话题吗？

其实两个人在一起和钱没有太大的关系，而是看两个人是不是在一个频道上，不需要刻意地讨好对方，不用踮起脚去爱另一个人，更不用觍着脸去够另一个人。两个人在一起，舒服就好，聊一些很无聊的话题也不会腻味、乏味才对。就像第一个故事里面的那个女孩子，她告诉我，下次找男朋友，第一个要求就是有内涵，能聊到一起，然后再考虑钱和房子。因为那些身外之物，都可以通过两个人的努力争取到，而能不能在同一个频道上，能不能聊到一起去，看的，是缘分。

所以，当岁月侵蚀了女性的容貌、时光夺走了男人的财富，剩下的爱，就只能用两个人内心和思维的高度是否匹配去定义了。当两个人都白发苍苍，在公园的椅子上坐着，那个时候，一切浮华退去，繁华和浮躁消失，老太太说：“看，那儿有一群鸽子。”老大爷看看天，安静地说：“是啊，它们白得就像是云彩一样，快去喂喂它们吧。”

彪悍的人生不需要解释

我很喜欢老罗的一句话：彪悍的人生，不需要解释。可是，现实生活中，一个人不可能每时每刻都彪悍，即使是彪悍的老罗，最后也因为锤子被黑得太厉害，在网上争辩着、解释着。这个世界上有一种人，就是靠说别人的坏话为生，他们的存在，就是为了挑拨两帮人的关系而拉近自己和别人的感情，或许他们是无意的，但心一定不会好到哪里去。可怕的是，这种人还戴着假面具，让每个人都觉得他们是好人。而此时此刻，你的辩解，竟然是如此无力。

我算是一个混江湖很久的人，从小跟人打架，考上军校退学，当过英语老师，拍过电影，写过书，周游过天南海北。在路上，我会遇到很多人，在工作中，我交过很多朋友，我深知人是五颜六色的，但也因为五颜六色而精彩。可有两种人我最不能容忍：一、背后说人坏话的人；二、背后挑拨离间的人。我见过许多这样的人，他们的开场白都如此相似：“我私下跟你说啊……你别告诉别人……这个人太……”

刚进入英语培训这个领域的时候，我才22岁。可是，随着自己讲课能力出众，很快崭露头角。那一年，我的打分已经击败了大多数搭班的老师，那些老师，最年轻的比我大6岁。于是，我开始成为大家研究的重点，一帮老师经常在办公室讨论我的讲课方式是一种他们从来没见过的形式。于是，他们得到了我讲课的录音，发现最吸引人的是一个个跟青春有关的故事。也是因为这些故事，我和学生之间没有什么距离，加上年龄相仿，都成了很好的优势。这些故事，他们是讲不出来的。其中有一个老师，是有名的大嘴巴，直到后来我才知道，他到处跟别人讲：“才二十几岁，哪里会有这么多社会经验？这么年轻，身上发生这么多事怎么可能？他买车了？不可能，他老爸的吧？真不靠谱，太假了……对了，别跟别人说。”

那个时候，每天都在忙碌的我，全然不知自己已经成了风口浪尖上那个整天被讨论的对象。那段时间，我每天上十个小时的课，最好的时间都奉献给了讲台，根本不知道背后正在被人捅刀子。可是，这世界上的人的可爱之处，就是大家都喜欢去听一个人的八卦，也更倾向于去相信一个人不好的一面。久而久之，我在一些人面前被贴上了标签：不靠谱、吹牛、假。

我自己有很多圈子，主业算是拍电影、写作。每次我跟身边这两个圈子的朋友聊到这个话题时，他们都笑着告诉我："对啊，你就是很假啊。你这个人其实都不存在，我们看到的是一个影子。"

混了这么多年，这是我第一次进入一个集体被人说假的。可我有口难辩，唯一能做的，就是老老实实地上课，学生不傻，他们的评价，能说明一切。

后来，我从那个学校辞职开始拍电影。与此同时，和我一起的，还有另外两位老师以及一个当时的小领导 L。我和另外两位老师辞职后，L 坚决不走，说防止有人在里面抓我们的小辫子说我们坏话，还要给我们提供一些资源。当然，他还会从中拿走我们的一部分收入。我一个江湖人士，并没有考虑太多钱的问题，于是答应了。他们两个考虑再三，也答应了。

后来每次聚会，L 都会跟我们说：Z 背后说你们坏话，B 不是个好人，C 不靠谱，D 人品有问题。此前，Z 是我们很尊敬的一位老师，随着他的抨击越来越严重，他们两个人的坏情绪明显重了许多，接着爆发了关系危机。而我此时却很冷静地想，这人嘴巴里似乎从来没有说过谁什么好话，一个整天在背后说别人坏话的人，他的话有什么可信之处。

不久后，事情变得很戏剧化。我们三个本来形影不离的朋友之间也发生了猜疑。在我这里，听 L 讲到最多的，就是另外两个老师如何组团排挤我的故事。直到后来，我才知道，在他们面前也发生了同样的事情。在一次通话中，我对其中一个老师大发雷霆，说："既然是团队，为什么要排外？"那个老师也震惊地跟我说："对啊，都是团队，干吗要排外啊？"

我一直觉得自己的优点，就是喜欢当面把事情说明白，都是男人，何必藏着掖着？于是我约来两位好朋友，坐下来认真地分析我们的感情和合作方式哪里出了问题。当事情浮出水面时，一切竟然是如此惊悚，所有的矛盾都只是因为L在中间不停地挑拨。或许，他只是习惯用说别人坏话的方式来拉近两人的关系，可是，这种行为是多么可怕。

那天，我们聊了很久，在L的嘴巴里，没有一个人是好人，可能是他的习惯就是通过背后搅局来维持自己的利益。随着聊天的深入，我惊奇地发现，当年传播我"不靠谱、假"的那个人，也是他。我终于开始思考和他认识后发生的所有事情，每次在一起的时候，他都用柔和的语气，告诉我这个人不行、那个人太差，说得似乎所有事情都是真的一样。

后来，我们一起把他请出了我们的团队。再后来，没有团队愿意让他参与。

我一直认为，在这个世界上，有很多这样的人。他们喜欢以讹传讹，来凸显自己的存在感，通过这种方式来拉近与别人的距离。可是，如果你还没失聪，就不要从别人的嘴巴里听到那个恶心的我。

同理，对于身边的每个人，为什么不相信自己眼睛里看到的那个人的样子，你又不是孩子，又不是不懂得人性，何必要通过那些只是听起来很动听的虚假故事来臆断一个好人，何必要相信一些小人的言语？为什么不去当面问清楚你们之间的误会，为什么不相信自己的眼睛而相信别人的嘴巴？

我一直认为，如果有个人跟你不是很熟，就开始大谈特谈别人的不好，这种人是一定要拉黑拒绝的。更不要受这种人的影响去愤怒、去仇恨、去做让自己后悔的事情、去以讹传讹，更不要成为这种人。

我曾经的一个好朋友，从来没有跟我讲过任何人的坏话，即使有时候把我气到破口大骂，他也只是跟我笑笑说：“别生气了，尚龙，不值得。”我从他身上学会了很重要的一点，做人最忌讳的就是背后说别人的不好，永远赞美别人，即使他是敌人。只有这样，你自己才能成为一个值得被人尊敬的人。

关于批评，当面的永远比背后的伟大得多。

一个整天在你面前捅别人刀子的人，谁知道他在你背后已经捅你多少次了。那些长期在背后挑拨的人，是否想过，如果被挑拨的两批人关系变好了怎么办。既然如此，为何不先审核一下自己的语言再说话呢？我们，都曾经太天真地相信每个人都是善良的，殊不知，这世上有些人就是邪恶的，可因为你的宽容微笑，他们变得越来越可怕，越来越变本加厉。

其实，如果每个人都不去听背后的诬蔑，不去相信那些坏心眼儿的人，当面把事情说明白，世界会变得更好。

Part 3

下次告别，就再用心一些吧

没有人喜欢火车站离别的背影，没有人喜欢飞机场远行的转身，

我们每个人都爱酒桌上的碰杯和团聚时的大笑，可为什么还是要离别?

因为那些离别能让我们知道，其实我们本来就孤独，

那些不孤独的日子，因为有你的陪伴，所以我很快乐。

接下来离别的日子里，请让我们都变成自己更喜欢的人，然后别分开了吧。

现在的分别，是为了更好地相聚

一

几年前我去美国看我姐，顺便见了几个高中同学。那几个人，当年都是学校里面学习数一数二的高才生，现在一个整天在教堂祷告；一个虽然在很有名的IT公司上班，却过着脸上没有笑容的日子；还有一个，还在要死不活地找着工作。那天我们几个喝得大醉，聊了很多过去的事情。

我姐上大学的时候，离家非常近，走几步路就能回家。而我考到了北京，那时思乡的感觉永生难忘：每次难过的时候，都想跟父母打一通电话。那时觉得，姐姐很幸福，离家近，可以随时见父母。

可是，她却天天嚷嚷着要出国读研。她很努力，之后，她顺利地考上了自己喜欢的新闻专业，得到了波士顿大学的录取通知书。她出国的时候，我曾经问她：“为什么要出国受那个苦？家这么近，最爱的人都在身边，作死啊？”

她的回答很简单：“在家久了，总要去看看外面的世界吧。”

然后她上了飞机，消失在了机场的人山人海中。

像我姐这样的“美漂”很多，他们怀着一颗炽热的心，对未来充满希望，迈进了美利坚，却发现怎么也混不进主流社会。因为即使你们语言相通，但是成长环境、文化背景不一样，怎么都和当地人聊不到一起去。在别人谈论1900年波士顿橄榄球队四分卫是谁时，你却还在思考橄榄球的规则是什么。这样的留学生，孤单自然而然随时伴随左右。他们学习很刻苦，可即使很努力地准备期末考试，最后还是得了个C，因为中国学生不知道上课的沉默成了平时成绩最大的杀手，不被理解的感受自然而然一直存在。他们去社会实践，结果碰了一鼻子灰，因为他们不懂得美国的体制和规则，痛苦、难受自然而然无处不在。

但好在他们依旧努力，他们一次次在这异国他乡流着眼泪，却告诉父母：“我很好。”挂掉电话后，一个人看着天，擦干眼泪继续钻进实验室或者疯狂地写论文。

那天我问几个朋友：“在美国这么憋屈图什么？”

他们没有说话。

许久，朋友说："尚龙，你知道为什么我们要离开最爱的父母，离开最熟悉的地方，去经历最痛苦的分别吗？"

我摇摇头。

他说："为了以后能更好地团聚。"

那个时候，我姐和另外几个朋友边哭边点头。而我，沉默了很久，只是把这一刻，记在了自己的脑海中。

每个人行走在这个世界上，都是孤独的。父母不会陪你一辈子，幸福的是，中国的父母，会在你成年之后依旧陪伴你很长一段时间。可是，想在这个世界上更好地走，光让人搀扶着你是不够的，你总要一个人孤单地走完一些路，去一些陌生的地方，见一些没有见过的人，吃一些从未吃过的苦。这一切，不是你自己作死，只是为了让自己的羽翼丰满，能更好地陪伴那些不想离开的人。之前读《狼图腾》的时候，总是很困惑为什么狼会在小狼很小的时候就把它们放在草原中让它们独立猎食，后来才明白，只有这样，它们才能成长。对我们来说，总要学会一个人行走，即使摔跤很痛，至少也要尝试着让双脚独立地站立在这片土地上，只有这样，你才是一个更强大的人。所以，离开亲人的分别，是为了更好地团聚。

二

高考结束后，我考上了北京的一所军校，离开家前夕，得知部队不让用手机。

于是，临走前的几天，我和高中几个很好的哥们儿喝了最后一次酒。因为我知道，一些朋友，长期不联系，可能就再也不会联系了。

那天，我含着眼泪跟每个兄弟拥抱。兄弟问我：“既然离别痛苦，为什么还要离开？”

我一时语塞，只是拍拍他的肩膀，不知道怎么回答。

后来，我一个人坐火车离开家，父母来送我，从玻璃窗看见父亲，他跟着火车跑了两步。那时，我再次想起了这个问题：既然离别痛苦，为什么还要继续选择离别？在火车上，我忽然明白了，这些不情愿的离别，是为了让自己变得更好，以后能更好地团聚。

几年后，发小耗子来北京打拼。那时，我已经在北京有着比较体面的工作和住处了。

一次，我们在家里炸鸡翅，忽然想起，我们两个已经认识十三年了。

我感叹了一下。

他笑笑说：“记得我们在高中学校食堂吃饭，看着鸡翅就流口水，因为没钱买。每学期期末，我们把存在卡里最后的一点儿钱凑在一起买好多鸡翅，兄弟几个一起吃。当时想，等以后有钱了，天天吃鸡翅。”

我们都笑了。这些年的分别和背井离乡，只是为了让自己变得更强大、变得更好，从此，和最好的朋友永远不分开。时间必然洗刷一些人，但真正的朋友，从未疏远。

每一个人，每天进步一点点，即使孤独，但依旧心怀希望。

没有人喜欢火车站离别的背影，没有人喜欢飞机场远行的转身，我们每个人都爱酒桌上的碰杯和团聚时的大笑，可为什么还是要离别？因为那些离别能让我们知道，其实我们本来就孤独，那些不孤独的日子，因为有你的陪伴，所以我很快乐。接下来离别的日子里，请让我们都变成自己更喜欢的人，然后别分开了吧。

三

一次在机场，一对情侣，满脸泪光地离别。男生背着包，似乎要离开这座城市去外地生活，女生抓着他的手，久久不放开。

男孩用手擦干她的眼泪，说："等我上学回来，我们就结婚，两年，不长的。"

女孩抽泣着说："我等你变得更好，我也会努力！"

我在旁边，调大了耳机里面的音乐音量。因为，我不想让自己太感伤，更不想听清楚他们在讲什么。此时此刻，只是默默地祝福他们，安静地祝福，就好。

两年了，也不知道男孩是否兑现了自己的诺言，不知道两人是不是已经结婚或者已经相忘于江湖，不知道男孩是否还爱着这个女孩，女孩是否还念着这段岁月。可是，有一件事是确定的：男孩的离开，是为了让他们以后不再离别，无论结果如何，那个转身和那声“再见”，在两个人心中，一定变成了永恒。诺言在夜晚发光，告诉彼此：路本孤单，谢谢你的陪伴。

其实，人的一辈子都是孤单的。而离别，能让我们懂得陪伴的可贵。这些年吃的苦，不为别的，只是为了让自己变成自己想成为的那个人，然后微笑着看着过去的自己，充满自信地告诉爱的人，以后我们会变得更好，而且都不要分开。

下次告别，就再用心一些吧

又有一个朋友离开北京了。

我一直觉得，北京是一个很神奇的城市，虽然这里的空气不太好，人又很多，但是大家就是愿意留在这里。

认识这个朋友是在三年前的一次聚会上，我们一见如故，女孩子长得很漂亮，不过大学四年除了宅就是宅。那个时候的她，谈着一场异地恋，在宿舍里成天捧着电脑，学习也不怎么样，更不怎么参加社交活动，就像很多不靠谱的异地恋一样，最终两个人还是分手了。分手之后，她走出了那个不属于她的世界。可惜的是，那时的她，已经大四了。

她跟着我们剧组参加了几次活动，跟我们的关系越来越好。一次在去十渡的路上，她坐着我的车，在郊区飞奔，忽然感叹说："好久没有这么开心了，如果早认识你们一段时间，我就准备留在北京了。"

我说："好像说得现在有多晚似的。留下来吧，这样每天不一样的生活，不也是你想要的吗？"

她说："可是我大学四年什么也没学会，浪费了这么多时间，你让我用什么留下来？"

我沉默了很久，继续开我的车。

那次活动结束后，她说："尚龙，我想考研，至少赌一把。万一留下来了呢？"

我笑了笑，说："对嘛。"

之后，我投入了拍摄电影的紧张日子，而她也开始了准备考研的生活。那段时间，她会给我的朋友圈点赞，我也会偶尔看看她的动态，看看她回家准备考试郁闷时的吐槽。日子过得像上了发条一样，像是每天做了很多事情，又像是每天什么也没做。直到有一天，她发了一条信息给我："我到北京了。"

那天，我和她加上另外几个好朋友去一个餐厅点了几个菜。我刚准备说话，她说："你怎么没点酒啊？"

我很好奇，心想：你不是不喝酒吗？

最后我们还是点了一箱酒。每次提酒的时候，我总是喜欢在祝酒词里面放入一些希望，这次也是一样："祝这次回来的大美女早日考上研，多和我们聚聚！”

第一杯后，她安静了很久，然后说：“对不起大家，我估计不会再来北京了……我在家找到了工作，不考研了。这次来，就是来跟大家告别的……”

这话就像当时北京的冷风，吹得每个人都安静了。

我们的监制赵程脑子反应快，举起酒杯，说：“又不是都死了，快快，以后还有机会来看看我们，在哪儿都是发展嘛！干了干了！”

然后大家应和：“是是是。干了！”

酒杯被举了起来，气氛活跃了，可是接下来是心的沉默。

只记得那天我喝了很多酒，酒后，我们散场。临走前，我看着她说：“我们抱一下吧。”

他们开玩笑说：“李尚龙，你是不是爱上她了，早不说，已经晚了，哈哈。”

我说：“只是这次想认真地告别一下，因为有些人一旦说了再见，可能一辈子都没有机会见面了。”

其实从那天之后，我就再也没有见到她了。也许以后会有机会再见到吧。谁知道呢，只是也许。

我有一个习惯，就是在跟别人分别的时候，不说再见，而说保重。熟悉我的人都会觉得很奇怪，有一次被人问：“你老说保重干吗，又不是再也见不到了？”

我说：“我只是想认真地告别一下，因为，谁知道以后会发生什么事情呢。”

其实离别，一直是我最不喜欢的，我不喜欢每次“北漂”的时候，父母在机场送我时的挥手；我不喜欢姐姐去留学的时候，我最后见她的背影；我不喜欢兄弟之间因为工作暂时离开这个城市前的依依不舍。可是，这些东西又是人生中无法避免的，既然无法避免，离开的时候，告别，就再用心一些吧。

我想起高中的时候，有一个叫“猴子”的好兄弟。那个时候对我来说，所谓最好的兄弟是只要一个人挨打，另一个会不问原因就上来帮忙打，要不然就是上来帮忙挨打。那种你还没跟别人打起来就过来劝架的，上辈子都是折了翼的天使。而这个兄弟，就是既能帮我打，又能帮我挨的那种。我们高中环境乱，总有校外的小混混儿来学校里闹事。我是这样的原则，你只要别惹我就好，你要惹了我，不管你是谁，我非揍你一顿不可。那个时候，我特别喜欢管闲事，觉得你浑蛋，你惹我，我就要打你，打不过你，也要骂你两句。

每次和别人发生冲突的时候，总有一些人冲上来告诉我要冷静，只有“猴子”二话不说就加入群架的行列。

直到有一天，我被几个小混混儿堵在校门口，他们对我拳打脚踢，我寡不敌众，第二天挂着彩去学校上课。“猴子”看着我问：“谁打的？”我咬着牙说了那个人的名字。

第二天，“猴子”带着满脸彩虹也来上课了。

我看着他笑着说：“咱们都别打了，喝酒去吧。”

高考结束那年，我考上了军校，离开家乡去北京。而“猴子”落榜，最后去西安的一个建筑工地当包工头。离别那天，我们喝着酒，呼喊着：“无论如何，再远也要常聚聚，等我们有钱了，买一个大房子带着老婆、孩子住在一起。”

那个时候的眼泪，是青春最深的印记。

临走前，“猴子”他们送我，说：“当兵要吃苦喽。”

我说：“是啊，希望几年之后，我们都能成为自己想成为的人。”

其实，我也不知道我会成为什么样的人，只是记得，那个时候，我们所有人的脸上都挂着泪珠。

我先收起眼泪，大喊一句：“还是不是男人？快回家，哥走了。”

我没有回头，直到上了火车才看见他们依旧张望着火车里面，我挥手让他们走，眼泪不停地掉。

谁知道，那是我们最后一次见面。

“猴子”去了西安，成天跟当地的地痞流氓喝酒、抽烟，透支了信用卡一万多，第二个月的工资还不了，打电话找我们借钱。而借钱是最毁朋友关系的举动。那个时候，我经济窘迫，还是借了他500元，然后，就再也联系不到他了。

之后有段时间，我觉得挺难受，因为我们那么久的朋友，竟然只值500元。后来父亲告诉我，人都是会成长的，朋友圈会变，谁也不知道自己几年后会变成什么样的人，如果两个人的路越走越远，也别觉得难过，很正常，相互祝福就好。

那天我明白了，有些人，一别就再也不会见到了。

有时候我会想到那天火车站“猴子”送我时的挥手，我会特别感激自己用心说再见了。

每次告别，我都会用心看两眼，多说两句话，加一个熊抱，然后添一句“保重”。不为什么，只是怕离别，只是怕这是最后一次见面。

曾经看《追风筝的人》，看到潸然泪下，如果 Amir（书中的人物，阿米尔）知道和 Hassan（书中的人物，哈桑）的分别就是诀别，是不是就不会下这么狠的手一定要让他离开了。而 Hassan 直到去世还守着诺言，为 Amir 做所有的事情。如果知道这一别就是一辈子，告别的时候，会不会再用心一些？

这世界的变化总是会超出我们的想象，一些人睡了一觉起来就变了，一些想法喝了一杯咖啡后就有了。或许你们还会在这个世界上的某个角落偶遇，可你是否想过，他已经不是你上次说再见的那个人了。成长的代价，就是你要告别青春时期身边的一些人，当然，还有曾经的自己。因此，你是否记得那个他最后跟你离别的样子，你们说了什么，还是匆匆离别被时间强行加上了一个句号？再给你一次机会，如果你知道你和这个人是最后一次见面，你的告别，会不会更用心一些？

真心对你好的人，从不会向你证明自己的恩惠

一

第一个故事从自己开始。

我一直觉得自己很幸运，从出生开始。因为我们国家实施计划生育政策，所以大多数家庭都是独生子女，他们从小就没有可以讲话的人，长大后没有交心的朋友。有下一代后，下一代没有姑姑、舅舅。而我从母亲肚子里出来时，是带着双重的哭声的。我有一个比我大五分钟的双胞胎姐姐。听妈妈说，出生的时候，我是横在母亲的肚子里的，而姐姐是竖着的。护士努力地想让我当哥哥，结果发现根本不能把我扯出来，于是，我只能一辈子叫她姐姐，即使她

只比我早出生五分钟。

我很幸运的一点就在这里，除了父母之外，还有一个人会无条件地对我好，那就是我姐。虽然从小我们打打闹闹，到懂事上学后却形影不离，她明白一切我想的和我要的。有时候，这对我来说，是一种莫大的幸福。

很多人问我："你们有没有什么心灵感应？"我说："你一定是看电影看多了。我们两个人，除了一起生病之外，还真没什么心灵感应。一起生病也是因为住在一起，所以能互相传染。一定要说有什么感应的话，我想，就是如果我遇到了难受的事情，她会陪我一起度过；如果我遇到了开心的事情，她会和我一起分享。这些年，一直如此。"

最重要的是，姐姐从来不会邀功，说给了我什么恩惠，只是从内心深处希望我变得很好。这一切，我都看在眼里。

小的时候，我喜欢跟人打架。每次打得浑身是伤地回来，学习成绩还不好。我姐看不下去，每天催着我跟她一起上自习。终于，我的学习成绩好了起来，而她告诉我的朋友，是因为我高三不停地努力才得到今天的收获。

再大一些，我进了军校，因为离开家的不适应，我经常会在夜深人静的时候给她打一个电话，有时候还在电话这边哭得稀里哗啦的，她也会为我难过，并且告诉我："坚持。"

后来我渡过了难关，她告诉别人是因为我坚强。

她从美国回来后，已经是一个基督徒了。在教堂里，她经常为我祷告，她告诉我："你现在的好，都是上帝爱你的结果。"直到今天，她依旧不会太打扰我的生活，但在我需要的时候，她依旧在我身边，告诉我："没事儿，我在。"一个真正对你好的人，从不会向你证明自己的恩惠。

二

爱情也是一样。大卫·芬奇导演的*Gone Girl*（《消失的女孩》）是一部我超级喜欢的作品，Amy（影片中的人物）和丈夫被视为模范夫妻。作为一个出色的作家，Amy从小就是人群的中心、粉丝心目中的佼佼者。婚姻中也是一样，她四处宣扬自己对丈夫有多好，丈夫对自己有多好，自己有多爱丈夫。谁也没料到，最后的结局竟然是一个凄惨的悲剧。再反观我们的娱乐圈，多少好男人，在公众场合说自己对老婆多好多好，到最后出轨、嫖娼被发现。真正相爱的人，不管别人说什么，他们只是互相安静地爱着。他们不会大声强调对彼此有多好，因为内心深处他们都坚定彼此是自己的唯一。他们也不会对着公众去证明自己的爱，因为爱情是自己的，和他人无关。

被修饰过的爱情我从来没有相信过，真正美好的东西，都是被人发掘出来的。

我的朋友Y是个很知性的女子，家里条件非常不错，自己有着一份稳定的工作，长得非常漂亮。这么好的条件，按照世俗的眼光，至少应该找个体贴的官二代什么的吧。而她，却找了一位诗人。

这哥们儿说起来也够奇葩的，谁都知道诗人都已经快消失了，但他还在坚持写诗，已经出了好几本诗文集了。好在他还有一份体面的工作——高中语文老师。他的家庭贫寒，两个人可算是门不当户不对，Y的朋友反对的声音都要上天了，但是Y都只是微笑一下。有些Y的朋友太激进，直接又给她介绍起了男朋友，Y实在受不了了，只是淡淡地说一句："他对我很好。"

朋友圈中，我偶尔看见Y更新的照片：不是他写的诗，就是他做的食，生活简简单单。每次聚会，看见他的手永远牵着她的手。不烫不冷，温度刚刚好，幸福恰当。后来我加了他的微信，才发现他的朋友圈里，是满满的感谢：感谢她的出现，感谢她的陪伴，感谢她的不弃不离。真正的爱情，不是拿来秀的，有时候会觉得越秀什么越缺什么。每到情人节，那些秀恩爱最狠的往往是分手最快的。当一个人真正爱你的时候，是不会拿来秀的。他的爱，全放在心里，不会透露给外人，因为你，占据了他的整颗心。

三

我见过很多父母，他们对孩子的管教都很残忍。我之所以用"残忍”这两个字，是因为他们在孩子最能飞的时候，剪断了他们的翅膀，这把剪刀叫作“我这么爱你”。我听过很多这样的故事，母亲和儿子吵架，会大声说道：“我这么爱你，你竟然这样对我？”父亲和女儿发生冲突，父亲咆哮：“你对得起我的养育之恩吗？”

如果这个孩子不是特别浑蛋的话，那么听到这话他会立刻缴械投降。他们开始回馈父母的爱，交出了自己的选择权。可是父母是否想过，这是爱吗？根本不是，这是自私，是以爱的名义绑架孩子的未来。

春节回家，朋友被催婚。好不容易打拼出来事业，找了一个靠谱的女朋友不到一年，父母来了。他们微笑着说：“赶紧结婚吧，你看这女孩子多可爱啊！”

朋友赶紧说：“爸妈，我的事业刚起步，现在就结婚是不是太早了？”

父母说：“你已经不小了。”

朋友继续说：“你看那谁谁，一个人背包去旅行，日子多潇洒；你再看那谁谁，月薪五万了才结婚生孩子。我……也有不结婚的权利啊。”

父母也继续说：“你还是个孩子，懂什么？”

中国很多家长的大招就是两句矛盾的话：一是“你已经不小了”，二是“你还是个孩子”。所向披靡，无坚不摧。

后来，他的母亲变本加厉地冲到他的公司和公寓，说他再不结婚生孩子，他们就要被村里的人嘲笑死了。

他拗不过父母，草草地结了婚、生了孩子。正在事业的起步期，忽然房贷、车贷、孩子的奶粉、女人的保养品全部压了过来，痛苦的是，他的工作时间也随着孩子需要陪伴瞬间减少。工作下坡，身体下坡，生活质量也下坡，好好的生活，被爱毁了，被父母的过分关心毁了。

真正的关心，根本不是绑架，更不是从自己的利益出发去关心别人。真正关心你的人，会在你迷惑的时候分享自己的意见，在你寒冷的时候给你递一件衣服。然后，他不提条件地离开。真心对你好的人，从不会不停地强调，自己多爱你。

致那些自私的朋友

一

每次我举办 party，都会把自己认识的好朋友聚集在一起。在现场，一个学校的能聊聊大学时光，一个地方的能攀攀老乡，有共同兴趣的能处处对象。对我来说，这种感觉很好。因为，如果你是个正直的朋友，你的朋友 A 和 B 互相认识后，是肯定不会在背后说你坏话的，他们反而会感谢你创造了机会让他们认识了新朋友。如果他们已经熟到了可以吐槽你的地步，想必，在内心深处，也会更加感谢你的出现，让他们能有更好的话题和更好的关系。交朋友最让人幸福的，不是索取，而是你的朋友因为你，生活变得幸福了一点点。

我刚来北京的时候，参加了北大的一个社团，社团的头儿 Norton 是一个非常热情的人。他喜欢把自己的朋友聚集在一起，也鼓励大家介绍自己的朋友参与，一群人聚集在一起，互相认识，彼此谈得来的就交上了朋友。那段时间，我人生地不熟的，但通过参加那一次次活动，我收获很大。认识了一些朋友，发生了一些故事，有些成了过客，有些却成了很好的朋友。每次活动，我也带上自己最好的几个哥们儿，后来，他们和 Norton 都成了好朋友。

几年后，随着我在教育界、娱乐圈、文化圈三线开工后，朋友开始越来越多。我交朋友有个原则：我不喜欢看别人的身价和标签，但我会看两个人是不是真的用心，是不是能为彼此付出一些、放弃一些。我的朋友来自五花八门的行业，有着各种各样的性格，但唯一的相同点就是对朋友很真心。我经常组织一些活动，让朋友之间互相认识，也加强了很多朋友的往来。

记得曾经有个朋友刚来北京，在冰冷的繁华下蜗居在一个不到十平方米的房间里，朋友很少。每次我有活动，都会打个电话叫他一起出来。几个月后，他有了自己的朋友圈，有时候我会看到他给我认识的一个大美女点赞，然后还大胆地约别人出去玩儿。对我来说，至少心里是暖的，因为，朋友就是应该相互温暖的。在这一次次活动后，我也认识了很多好朋友。

在中国，尤其是大城市，生活就是所谓的圈子。我们活着，无论你有多么清高，都逃不过这个圈子。

找到自己喜欢的圈子，适合自己的圈子，很重要。

在我的朋友中，有一个女孩是典型的传媒女孩。她性格外向，喜欢交朋友，但从来不把自己的朋友介绍给大家认识。每次参加party的时候，都感觉她是来收钱一样，拿出电话在各个场合收集一堆人的电话或微信，第二天开始给人疯狂点赞。久而久之，她的圈子越来越大，她认识的人也越来越多。我经常看到她跨过我就跟别人互相约着吃饭。有时候我觉得她这样做特别不得体，又觉得既然他们认识了并且能相处得很好，何必要局限于一些表面的礼节。每次她和我朋友取得了联系，都没有跟我打个招呼，虽然没什么，但令我很不舒服。

有一天，一个导演给我打电话，说到了这个小姑娘。他跟我说："唉，她找我们公司投资一个项目，这次有点儿大，这个忙我还是问问你帮不帮。"

我说："你们都已经是朋友了，自己定吧。"

他说："之前她找过我很多次，都是一些小忙，我都是看你的面子帮忙了。只是这次有点儿大，我肯定会拒绝的，但我想还是要跟你说一下，要不然不合适。"

几天后，我接到了这个女孩的电话。她跟我说："能不能请你帮我去说服那个导演？"

我拒绝后，默默地挂了电话。

朋友之间是有千丝万缕的联系的，朋友之间的关系，有时候就像毛细血管一样微妙。这就是当人际圈子广了后，我们都要学会管理和经营人脉的原因。在朋友圈中，最忌讳的就是直接跳过中间人，开始交流。这给中间人的感觉就像被利用了一样。朋友就是朋友，不是机会盒或摇钱树，在你请别人的朋友帮忙的时候，是不是应该先跟两人共同的朋友打个招呼，先问问介绍者的意见？我想，如果当初那个女孩子先来找我，然后我开口去求人，似乎可能性会大很多。只是她做什么事都绕过我，使我被利用的感觉油然而生。我似乎觉得，本是朋友之间美好的感情，竟然变得如此浮夸和现实。

二

我的另一个朋友 K 是一个特别豪爽的女孩子，名牌大学留学生，大公司记者，走南闯北。我最喜欢她的一点就是无论在哪个群体，她都是最能“白话”的，在每个集体中她都要当焦点，要万众瞩目。我最讨厌她的，也是这一点。

第一次见她的时候，是在一个小 party 上。参加聚会的都是我特别亲密的朋友，我姐带她来跟大家认识。我正准备按照礼仪去问候，她大喊一句：“你就是李尚龙啊，看起来不像没有学位啊？”

其实这一句话化解了很多尴尬，我们进入了愉快的聊天状态。可是随着晚餐继续，我忽然发现一个问题，就是现场所有人都陷入了沉默，我也感到前所未有地困。然后她一直讲述自己的故事，讲自己如何去一个奢华的 party 采访被人赶出来，讲自己被男人伤害的感情故事，讲自己的梦想和现实，的确精彩。可问题来了——Who cares（谁在乎）？

但是，似乎她认为我们都十分 care（在乎）。

在她几个小时的不停叙述后，终于，她成了聚会上最亮的一盏灯。可是再看看其他人，我们都没有话说，埋了单，然后默默地说了一句："呵呵。"

K 身边几乎全是那种随遇而安的朋友，一个个都非常善于倾听。我想，我要是和 K 在一起，两个人能打起来，因为她压根儿不让我插进去一句话，那叫我如何能忍呢？我那天跟 K 说："你要学会去交一些真正能跟你交流的朋友。"

K 说："我跟所有的朋友都能交流啊！"

我说："你懂不懂什么叫交流？真正的朋友，不是你一直说，那人一直听，而是互相倾听、互相倾诉的。"

接着，她给我讲了一个故事，是关于她的朋友的。

小的时候，她光鲜靓丽，朋友长相一般，很矮，但自尊心极强。她们每次出去玩儿，K 一定是焦点，而朋友总是默默地看着她发光。久而久之，朋友不再愿意跟 K 一块儿出去，但 K 不停地索取她的陪伴。后来，K 跟我说："有一段时间，我总是发现家里丢东西。"

我说："然后呢？"

K说："后来，我发现是她偷的，每次来都偷我的东西。我一次次原谅她，可她还是一次次地偷我的东西。"

K说到这里，眼睛里面都是伤心。

她以为我会很同情她，没想到我却说："你有没有想过，是因为你从来没有听过她内心的声音，你太自私了，总想成为所有party的焦点，总想成为所有人心中最亮的星星。"

K愣住了，久久没有回话。

曾经看过卡勒德·胡赛尼的小说《追风筝的人》，阿米尔和哈桑的感情悲剧让所有人都感到难过，我有时候会想这是为什么。后来才明白，如果两个朋友，一个从来都只是以自己为中心，不管另一个人的感受，那这种自私的人，还是要远离他才好。朋友之间的感情，和爱情其实很像，如果不互相考虑、彼此倾听、彼此付出，只是单方面地索取，一方幸福而不顾对方，那么这样的朋友，还是越少越好吧。

再好的朋友，也经不起你过分的直白

我们在生活中总是会见到这种人，他们口无遮拦，见谁说谁，说话不包装。当别人说他们怎么这么说话的时候，他们笑笑说："不好意思，我这人很直白。"我身边有几个这样的朋友，我都是在一忍再忍之后，把他们拉到了黑名单。其实，"你是一个傻×"和"你这件事儿干得不聪明"虽然意思一样，但是带来的效果完全不同。后来，我才发现，很多人身边都有这样的人，反应和我是一样的。所以，为什么不想清楚自己的用词再说话呢？

之前有一个很好的朋友，什么都好，会关心体贴人，就是不会讲话，每次说话都一针见血，让人听后特别不舒服。但仔细一想，也是对的，久而久之，适应了她的说话方式，大家仍旧是好朋友。

我穿衣服不太讲究，有时候拍戏、上课的时候大家实在看不下去了，她就会偷偷跑来跟我说："导演，你是不是该换一件衣服了？"

我很诧异，说："昨天刚换了啊。"

她说："换什么啊，不还是那一件吗？"

我说："哦，我有两件一样的。"

但是每次跟她出去的时候，她就当着几个朋友的面，大声说："李尚龙，看你穿得像捡破烂的，丑死了，还不换了。"

我刚准备发作，她说："不好意思啊，我这人说话比较直白。"

然后我看看她，啥也不说了。

这种事情其实有很多，比如她会直接跟我说："你那个朋友什么玩意儿啊，根本不会讲话。"比如她会跟我直接说："你现在越来越胖了，再过一段时间是不是不会走路了？哈哈哈哈！"然后后面加上一句，"不好意思啊，我说话比较直。"

去年，我在家里写剧本，写了三天三夜，写出了剧本《断梦人》。写过剧本的人都知道，自己写的故事就像是自己的孩子一样，与过去的经历、身边的片段息息相关。这个剧本应该是我迄今为止发挥得最好的一次，正在孤芳自赏准备第二次修改的时候，电话响了。

那个朋友说："你干吗呢？"

我说："写了一个超级牛的剧本，看吗？"

她说："发过来我看看。"

我说："你等着。"

过了二十分钟，她打电话给我，说：“我觉得还是和我期望的差得很远，我看了第一集就没兴趣看了。我说话很直，不好意思啊。”

我“砰”的一声挂了电话，而那一次，是我们最后一次通电话。

几天后，我给父母看了《断梦人》这个剧本。爸爸跟我说：“儿子啊，总体写得还不错，但是第一段吸引力不够，你要抓住观众的眼球就要增加矛盾。再改改吧。”

我听完爸爸的话，和乐天导演继续改了三轮，直到上周，剧本通过优酷审查，已经在拍摄阶段了。

后来，我忽然想到，其实朋友和父亲提出的建议是一样的，只是说话方式不一样。但是一向脾气好的我，却和前一个翻脸，而尊重了后一个提出的建议，为什么？

其实，如果我父亲像朋友那样讲话，我一样会发飙，虽然我知道他们说的都是对的。

但是，我就是接受不了前者的说话方式。其实，谁也接受不了。

在我们身边，总有一些人说话特别直白，他们从不顾及别人的感受，想到什么说什么，也许说的是对的，但是很难让人接受。说得好听点儿，这个人性子很直，但说得难听点儿，这个人情商不够。

一句话，赤裸裸地出现在你面前和包装后出现的效果完全不一样。再好的朋友，也经不起你过分的直白。

我见过很多这样的案例：老婆在外人面前直白地指责老公，“你看看别人老公赚多少钱”；妈妈在饭局上直白地发难儿子，“你就知道天天在家里上网打游戏”；老师当众直接批评学生，“你是个差生，一辈子没前途”。

他们说完这些话，都很占理地跟对方说：“我很直白，不喜欢拐弯儿，请你谅解！”只见另一方尴尬地笑笑，心却“两截”了。

很多伤害都不是恶意的，只是你表达的方式不对，你的过分直白，其实会损伤一些最美的感情。不是不让你提意见，只是你在表达建议的时候委婉一点儿，效果说不定会更好。

直到今天，我还特别听一个好朋友的话，哪怕有时候他说的是错的。因为他每次跟我提建议的方式都是这样：“你那样做没问题，如果这样做是不是会更好？”“如果我是你的话，我会考虑一下这种方式。”“这样太棒了，可有没有更好的方式？”

试想，这样会不会更容易让人接受？

再好的朋友，也抵不过你无底线的直白，讲话的时候请记得拐个弯儿。别把自己的口无遮拦当作大气，那只是幼稚而已。

最好的结局，是我们两个在一起了

浮夸的社会，连“朋友”这个词也变得不那么真实了。酒桌上，一个人借着酒劲说：“老张是我大哥，一辈子的好兄弟。”工作场合，同事认真地跟你说：“我不仅把你当同事，更把你当朋友。”甚至走在路上，推销员遇见你的第一句话是：“朋友……”

我曾经遇见过一个人，他自豪地告诉我中国每个省都有自己的好朋友，去哪里都有人接待，吃饭住宿都不愁。

而我只是冷冷地问了一句：“如果你出事，会有多少人在你身边？”

他愣住了，为了缓和尴尬，他说：“我怎么会出事？乌鸦嘴，呸呸呸……”

我这人比较轴，一直认为，所谓的朋友，不是每日都陪在你身边的人，而是需要的时候彼此都能伸出一只手的人；所谓的朋友，不是你朝思暮想的人，而是你们很久不见，但一见面能互相笑骂着喝到吐的人；所谓的朋友，不是你们一起享过什么福，而是在你和他的利益出现冲突时能彼此为了对方让步的人。

一

2013年的夏天，我认识了一朵奇葩，这朵奇葩虽然人格分裂，但摄像技术不错。这人加入我们剧组的时候已经精神错乱，总是说一些让我三观尽毁的话，不仅是我，所有的人都躲着他走。后来每次剧组休息的时候，他所在的地方，大家都微笑一下，然后自动远离。只要一个人有正能量，他就说鸡汤有毒；只要一个女生稍微多和几个男生交流几句，他就说她是“绿茶”。

我知道他心不坏，一定是生活遇到了什么变故才让他变成了这样。于是有一天，夜深人静的时候，我跟他聊了起来，想听听他内心的故事。随着聊天的深入，我听到了一个狗血的故事。

和他恋爱一年的女孩子，竟然喜欢上了他的室友，和他分手后没几天，就和他的室友在一起了。

之前，他一直认为室友是他的好朋友。

他的室友二话不说，就把他的前女友带去开房了，而在他和这个女孩子相处的一年里，他从来没有对她做过什么。他无法接受现实，约了他的室友，出宿舍单挑。

他愤愤不平，开口大骂，说：“你既然是我的好朋友，为什么抢我的女朋友？”

他的室友只是冷冷地说：“你们已经分手了。”

两个人扭打在一块儿，打了半天，尴尬的是，他一点儿没占到便宜，还打输了。

从此，他疯了。

结尾处，他说：“都怪那个‘绿茶’。”

我说：“要怪，就怪你那神奇的室友和你自己。”

他说：“为什么？”

我说：“既然是你朋友，为什么干这种事儿？既然他是这种人，你为什么还把他当朋友？”

他抽了一根烟，讲了点儿其他的话，岔开了这个话题。

真正的朋友，绝对不会在你的背后捅刀子、挖墙脚，即使不为对方付出点儿什么，至少不会去做伤害对方利益的事情。

二

我想起自己的发小，耗子。我这人每交一个朋友，都是冲着一辈子去的。

去年，我和一个女孩子L搞不清关系。对我来说，一直不确定自己是不是喜欢她，但她对我实在太好了。在她的内心深处，似乎认定我就是她想一辈子在一起的那个人。那个时候，我习惯一个人自由地生活，虽然偶尔会有寂寞时光，但是随着我的内心慢慢强大，这些寂寞都能扛过去。一恋爱，人马上就被束缚，可能很多事儿都不能去做了。每次跟她在一起，虽然没有情侣的动作，但我总是会多一些特别的关心。

自始至终，我们都没有捅破那层纸，还有另一个原因。

耗子这个时候，也深深地喜欢上了这个女孩子。

每次我们三个在一起的时候，什么也不说，保持着我们三个人微妙的关系。

我知道耗子喜欢L，所以，每次我们在一起时，我都会刻意地和L留出一段距离。

而耗子，也从来没有告诉过那个女生他喜欢她。

就这样，我们谁也没有迈出那一步。

就这样，她和我们谁都没有在一起。

就这样，她一个人离开了我们的生活，留下了我们三个人的美好回忆。

记得一天晚上，我们喝得大醉，耗子跟我说："我们最后谁也没和她在一起。"

我说："是的，但这是最好的结局，不是吗？"

他说："最好的结局，是我们两个在一起了。"

我笑得前仰后合。

那天晚上，我看着后海难得安静的夜色，搂着耗子慢慢走着，我们唱着五月天的《咸鱼》。偶尔几个路人奇怪地看着我们，冷风吹在脸上，却暖了我的心。从小到大，我们都没有被现实打败，每次吃饭，我都会主动多出点儿钱；每次我工作、生活不顺，他都会找个餐馆陪我喝点儿，跟我聊会儿。一周再忙，我们这些朋友都会聚聚。

每次我们朋友聚餐，我都会问他们一句话："如果我什么都没有了，你们还会陪着我吗？"

他们每次都不会直接告诉我答案，只是鄙视地看着我，说："搞得就像你现在有什么似的。"

就这样，这些人在身边，我很开心。因为真正的朋友，不是只知道和你一起享福，而是能在你落魄的时候伸出一只手，并告诉你，他会不弃不离。

三

不管你是否承认，这世界就是这样冷酷。昨天还说我爱你，今天就形同陌路；昨天还称兄道弟，今天就人走茶凉。而那些在你低谷时仍旧不离不弃的人，时间没有冲淡的人，才值得珍惜一辈子。

曾经我做过一个特别无聊的实验，发短信给十个我认为特别好的朋友，告诉他们我得了病，需要钱，请他们借我一万元钱。

当时我想，哪怕借我三千元，我都会很感谢他。

特别有意思的是，只有三个人最后借钱给我了。另外七个人找各种理由，搪塞了过去。

第二天，我请三个人吃大排档，我拿着三个人的钱，还给他们，告诉他们：“这辈子，就你们三个好朋友了。”

那天，我哭得稀里哗啦。

他们看我哭得稀里哗啦，安慰我，说：“到底得了什么病，哭成这样……”

我说了前因后果，结果被他们打了一顿。

钱不算什么，只是，在你这么需要朋友的时候，为什么连一句关心的话都没有了……

每次想到这里，我都会觉得自己很渺小，其实所有人都一样，墙倒众人推。可是，在这个世界上，总有人在你这面墙上画过了一些真正的感情，他们画过了青春，画过了你们一起共同的时光。在墙倒下来的时候，他们会走到你身边，哪怕帮你铺两块砖头，给你带来一点点希望。这些人能为失落的你做些什么，不用多，但就是这些不多的事情，能让你重新振作起来。

这种人，就是朋友。

很庆幸，你们都没走。

很庆幸，你们一直在。

所谓的天生不足，都和自己有关

直到今天，我的同学在聚会的时候，还是会很羡慕地跟我聊到我的生活，说羡慕我说走就走的旅行以及独立的经济基础。而我，总是会跟他们说，我只是做了一件大家都在想的事情而已。他们会把所有我做的事情归功于我的英语好，他们说如果他们英语跟我一样好，早就可以做自己喜欢做的事情了，而我只能无奈地笑笑。

这篇文字，我想讲两个故事：一个跟一位师兄有关，另一个和我有关。

这个师兄和我一样，考上了军校，和我不一样的是，他是因为家里贫困交不起学费而来到了这个地方。在家里，他看《新闻联播》和《士兵突击》，认为部队的生活会像电影里面那样，充满着活力和趣味。来到军校的第一天，他看到的东西却让他久久不能平静。每日的叠被子、打扫卫生、队列训练让他无暇顾及自己的梦想，被现实推着走。而这条路的终点，完全不是他想要的。

他郁郁不得志，身边的同学上课都在睡觉，下课都在玩游戏，因为他们认为现在学习的高数、物理、英语这些学科，对自己今后带兵打仗没有任何作用。那段时间，为了合群，他也玩游戏，不一样的是，他会思考，这些游戏是怎么弄出来的。

大一上学期，学校允许考计算机二级，所有人都在背诵题库，而他认真地把每个代码打了出来，然后编出了自己想要的程序而且运转了起来。他长期和计算机教研室的老师探讨一些问题，结果，他不仅过了计算机二级，还通过了四级和网络工程师考试。那段时间，因为是群居生活，他的每一个行为都被大家看在眼中，大家觉得他像一个精神病一样，每天背诵着一些看不懂的代码。回到宿舍，大家更是冷嘲热讽地跟他说："你把程序编得好有什么用啊，以后还不是照样要带兵，你能跟士兵讲代码吗？"他默默地承受着一切，把一些记不下来的代码写在小纸条上，不停地背诵着。

每天晚上，他都会很晚睡觉，等到全队睡着了，他再带着他满脑子的代码睡去。当时部队不让使用个人笔记本电脑和手机，他就把手机藏在枕头套里面，夜深人静的时候悄悄地使用，第二天用闲暇时间去机房认真实验。

就这样过了两年，一次，他把一款游戏熟练地运用到了手机里面，他兴奋地发现这样就可以通过手机玩游戏了。虽然技术不是很成熟，但是他知道这个东西是他自己琢磨出来的。他隐隐约约地感到，这个创意很棒。接下来，他无数次请各种假去中关村看那些电子产品，投各种简历给一些大的电子网络公司。一天晚上，他看着夜色降临的北京和万家灯火的高楼大厦想，会不会有一天，他也能在某个写字楼有一个自己的位置，拥有这个城市的点滴。

大二的暑假，他去部队实习，部队不让使用手机，他和班长搞好关系后，终于可以偷偷地用手机了。山里面的信号不好，他很担心自己投的简历会石沉大海，他更焦虑自己的小发明不能被人发掘。

一天中午，在全队都睡着后，一个电话打来，他站在房顶上，用一格微弱的信号接到了这个电话。这个电话是微软的 HR（人事）打来的，电话里说："我们想要你和你的这个创意，如果可能的话，这周来我们公司面试吧。"

他说明了自己的情况："唯一能去的方式就是退学离开部队，可是如果自己现在退学可能没有本科学历，你们介意吗？"

那边笑了笑，说："我们要的是你和你的能力，和学历无关。"

他挂了电话，流下了眼泪。

离开军校的时候，他几乎是被押送回家的，村里的父母看到他号啕大哭。他母亲拭干眼泪，说："你自己决定就好，去闯吧。"

接着，他一个人来到北京，加入了微软。第一个月，他发挥了军校带给他的品质，他坚韧地每天加班，努力地工作、学习。一个月后，他去银行取钱，第一个月的工资是两万，他看着取款机里的钱，打电话给自己的母亲，他笑着说：“妈妈，我能养活自己了。”

故事到这里，本来应该结束了，其实还没有……

2008年，我考上了军校，和他的感觉一模一样。那个时候的我，发现自己就像一棵苹果树长到了梨园里面，与环境格格不入。

那段时间，我唯一想做的，就是外出，看看外面自由的世界，而一个宿舍每周只有两个外出名额。于是，我在这样的规章制度下生活了很久。一个偶然的机会，我参加了一场英语演讲比赛。那次，我获得了全校第二名。我开始明白，或许我学习英语是有一定的天赋的。

我只记得，无数的日子，我把自己关在一个空教室，对着墙不停地背诵着英语单词，假设下面有很多人在听我演讲，每天一个多小时，雷打不动，后来已经养成了走在路上喜欢用英语自言自语的习惯。我只记得每天晚上睡觉我都在说着英语，因为在那样的环境中，我从英语中找到了希望。就这样，我斗胆报名参加了央视的“希望之星”英语演讲比赛，从初赛到复赛再到决赛，最终我获得了北京市第一名、全国季军。在比赛现场，我认识了很多人，其中一个，就是新东方的某领导。

最后退学离开军校的故事，我不愿意多讲了，网上传过我是被开除的，而只有我自己知道，走出那一步，是多么不容易。幸运的是，我看到了曙光，明白了自己喜欢的日子原来是在路边吃大排档，在大晚上喝酒喝到天亮。

退学后，我一样是被送回家。爸爸来接我，我上去拥抱了他，眼泪不停地掉，爸爸说：“你受苦了。”

我说：“不，我自由了。”

后来的生活，我很满意，我有自己喜欢的生活，一份不错的工作，能做自己喜欢做的事情，更重要的是，我爱的人都逐渐回到了我的身边。

特别巧合的是，一个偶然的机会，我认识了第一个故事中的那个师兄。那天我们坐在一起，喝了两杯酒后，我感叹说：“你的故事才让我走到了今天。”

他说：“是啊，我也没想到，你创造的辉煌让我更惊讶。”

我说：“这么多事情过去了，你觉得现在你最想对过去的自己说什么呢？”

他喝了一口酒，说：“感谢你，勇敢地做了自己。”

他又说：“你呢？想对过去的自己说什么？”

我说：“这世上，除了自己，没有人能决定你的命运。”

的确，我们每天都在抱怨，说父母没有给我们好生活，说我们高考没考好而必须在这样一个不喜欢的大学待够几年，说今天没有时间去参加一个讲座，说没有钱去当背包客……可你是否想过，你才是自己生活和青春的主宰者。如果你还在抱怨生活没有给你这些，那么，为什么不用自己的双手创造呢？为什么不从现在开始做准备磨炼出一技之长，为了转变生活轨道做准备？为什么不把重要的事情先做完，不重要的事情直接取消，腾出时间去参加讲座？为什么不马上开始打工存钱，为当背包客做准备？**当第一步迈出后，你会惊奇地发现，那些所谓的天生不足，都和自己有关，而你自己的生活，也只有自己能够掌控。当然，你的未来，除了你自己之外，更没有任何人可以改变。**

夜店里的迷茫

这个故事来自我的一个同事Y，他是一个培训学校的老师。在培训学校，上班的压力可能很大，只要你缺钱，就可以不停地上课，一天从早上八点半上到晚上九点，并且高峰时期，能够持续三四十天没问题。这种奋斗留下的，其实是无尽的疲倦，当然，还有可观的课酬。我和他，曾经是这个学校里面最能上课的两个人。曾经有一年，我影响的学生破万，每天早上起来带着电脑去一个校区上够五个小时的课，草草地吃完饭打车去另一个校区见另一拨学生。在车上倒头就睡，到站后，被师傅一脚踢醒，说："到了。"我拖着疲倦的身体，走进教师休息室，忽然看到了一个熟悉的身影，同样疲倦的人：Y。我们两个同病相怜，我曾经开玩笑说："这学校，我们简直能住下来了，而且完全不用付房租。”

这样大的工作强度其实很可怕，因为一个人一直在工作、在输出，没有时间去学习，完全是拿身体、拿青春去换钱，上着同样的课，对自己的提升也不大。于是，人的压抑情绪就会累积。幸运的是，这样的日子总会到头，每次高峰期后，我都会仰天长啸，像《狼图腾》里那只想妈妈的小狼一样。接下来，我会投入到我的另一份工作中去换换脑子。而 Y 选择的释放方式是去酒吧喝酒，去夜店蹦迪。

那是我第一次去夜店，和他一起。

我曾经一度以为，夜店这种狂躁的环境是我这种心灵脆弱的人无法接受的。后来才觉得，那环境既然是给人设计的，对大多数人来说就不会有太不适宜的感觉。那天我和他在酒吧里喝到半夜，随着音乐的跳动和酒精的麻痹，身边的人逐渐开始晃动着身体，接着我的身体也开始不受控制，脑子却忽然清醒了很多。我随着 Y 走到了舞池的中央，无数的帅哥美女没有灵魂地舞动着，手放在空中甩，不知道的还以为是在拍 *The Walking Dead*（《行尸走肉》）。女人扭动着身体似乎只是为了吸引更多的男性来到身边，男人展现着自己的财富似乎只是为了吸引更多的女人。我站在舞池边上发呆，停止了晃动。而 Y 很快跟一个女孩子站到了一起，摩擦摩擦，像魔鬼的步伐。灯光闪烁像此时产生的荷尔蒙，音乐节奏快得就像此时的心跳。旁边的散台上，坐着一个体格矮小，但戴着大金链子的男人，身边许多女生穿得极少，不停地灌着酒；前面的舞池边上，是一个汉子搂着一个自己都不认识的女孩子，两个人的身体卷在了一起，亲吻着。在这个环境中，我觉得自己像是一棵苹果树种到了梨园里，我想这可能是他们自己放松的方式吧。我收拾好了包，正准备离开的时候，一个女孩子走到我跟前："帅哥，请我喝一杯酒呗？"

我没有抬头，说："我没带钱。"

我径直离开了酒吧。我没有理Y，只是打了辆车回家，那天Y发生了什么事儿，我不知道。只知道，第二天，他再次去了酒吧。我想，同样的地方，不同的女人，说不定套路都是一样的。可留下的记忆，全是酒精和喧闹的空白。

那是我第一次，也是最后一次去酒吧喝到烂醉，自那天之后的许多天，在安静读书的时候，耳朵里面都还是"动次打次"。忽然发现自己的集中力开始降低，那些夜晚，心久久不能平静，像是吸了毒一样，蠢蠢欲动。我经常跟自己说，半夜是思考的好时间，更是寂寞的时光，虽难熬，但世界上伟大的事情都是一个人默默地做出来的，别浪费，应该去做点自己喜欢的事情，磨炼出一技之长。那段时间我开始明白，浮夸的夜店文化，或许带来的并不是放松，只是无尽的空虚。几天后，Y再次约我去酒吧，我约他吃了个晚饭，简单交流了几句话后，我看到了他黑黑的眼圈和萎靡不振的精神状态。

Y在感情中受过很多次伤，虽然具体发生了什么，我不知道，但总听他说，在夜店找女朋友真不靠谱。后来他迷上了旅行，经常看他一个人走在大街小巷拍的照片，回到灵魂深处，或许这才是真正的放松方式。作为朋友，我很为他开心。

曾经有一次看《非诚勿扰》，一个妖艳的女嘉宾问男嘉宾："你经常去夜店吗？"男嘉宾挺不好意思地说："是。"女嘉宾忽然兴奋地说："我也经常去，咱们一起跳一支舞吧。"另一个女生大叫："我也会。"于是三个人在台上群魔乱舞，下面一些起哄的观众开始鼓掌。父亲忽然问我："这有什么好骄傲的？"我点头，说："真心不知道这有什么好骄傲的。"去过夜店的，都知道是去干什么，无论你再怎么解释，说你只是去那里释放压力、交朋友，但谁愿意让自己的女朋友去夜店接触形形色色的浮夸文化，或者谁喜欢让自己的另一半去夜店消耗自己的青春。起码，我不喜欢。

真不知道，这世上有些女人的价值观为何如此扭曲。当然你可能会说："老娘有工作，你管啊！这是一种放松的方式。"

关于放松，为什么不去跑步？关于解压，为什么不去大哭一场？关于释放，为什么不去爬山？年纪轻轻却选择这样一种自暴自弃的方式，这根本不是放松，留下来的反倒是无尽的空虚。这样的放松，还不如继续紧张地工作。女孩子如果洁身自好，就应该习惯在夜晚独立坚强地做自己喜欢的事情，习惯寂寞的时光，阅读书籍，追美剧，而不是放纵地浪费自己的青春。

你可能会说："青春就是要去放纵。"

我们身边总有一些人，拿着青春做幌子，浪费自己年轻时最好的时光，他们总以为年轻就应该是各种疯狂，殊不知那种疯狂，其实是一种作死。你见过哪个成功的背包客没有一份稳定工作的？你见过哪个步行者不是衣食无忧的？你见过哪个说钱不重要的是没钱的？你见过哪个成功的人不是曾经努力到头破血流的？疯狂的青春，都是基于物质上的无忧无虑，青春既然如此美好，何必浪费在浓浓的化妆品、刺鼻的酒精和浮躁的音乐上。

曾经有人说过，一个人晚上的时间，决定这个人这辈子是一个什么样的人。因为白天大家都有自己的工作，差别都不会太大，可是那些晚上还在努力的人，是最值得敬佩的，也是成长最快的。这些时间为什么不积累下来，去做点儿真正对自己有帮助的事情，去磨炼出一技之长，去读书、写字？我一直觉得，空虚是常态，解决空虚很重要，但不浪费空虚更重要，真正解决空虚的方法，其实是让自己的内心强大起来。夜店的生活，只能让人更空虚。这一夜夜，纠结到最后，换来的只是浮夸的外表、奢侈的外衣和一颗空虚的心。

三只小猪

一

这个故事要从三年前说起，一直不愿意动笔，觉得回忆厚重，且结局不好下笔。但好在该过去的都过去了，现在的我们，能微笑着聊过去和未来了，也能面对那些连我们自己都说不清楚的日子了。

那年我还是老师，第一年站在讲台上，总觉得新鲜有趣。结课那天，我深深地鞠了个躬，其实每次结课，我都会有微微的不舍。无论这个班曾经多让我着急，毕竟付出过努力和心血。那个班，我印象格外深刻。鞠躬后，是长时间的掌声和不间断的尖叫。我很清楚，其中的很多人，都是我们最后一次相见。我坐在讲台上，看着同学们离开后，接着收拾电脑，准备打车回家。那时，一个小女孩，一直盯着我看。等人走光了，她拿着一瓶饮料，对我说："老师，谢谢你的倾囊传授，我叫小路。"

谁知道，那个名字会在接下来的三年里陪伴着我，并一直在脑海中徘徊。

我笑了笑，看了一眼旺仔，问她："为什么要送旺仔？"

她说："怕您有忌口，又怕您没时间喝，所以旺仔是最好的选择，不添加乱七八糟的东西，还能储存。"

我笑了笑，说："做广告呢？不过感谢你，留个联系方式吧。这是我的电话。"

她接过我的联系方式，微笑着说："老师……能不叫你老师吗？"

我说："为什么？"

她说："因为，我比你大1岁。"

我笑了笑说："很正常啊，我教的学生很多都比我大。有时候进班时，为了 hold（撑）住场，都说我像你们这么大的时候……"

她狂笑，说："我怎么才能把英语学得像你这么好？"

我没有说话，她继续说："我的韩语挺不错的。"

我背起包，转身说："少看韩剧，记得电话联系。"

二

之后的日子，我因为工作超忙，所以没有主动联系过她。偶尔收到她的短信，让我加衣服、吃早饭。我也会认真地回复："谢谢，你也是。"那时，我虽然是个老师，但也算是个北漂。在北京这座城市里，无依无靠，只是凭借自己的一腔热血，希望能搏出一条属于自己的路。当然也会寂寞痛苦，有意思的是，她总在我内心最虚弱的时候冒出来。对我来说，我厌倦师生恋，虽然在这个行业里，很多老师最后都跟学生结婚了，生活还挺幸福。但在我心里，就是很反感，所以在我刚入这一行的时候，就给自己定了规矩，一定不和学生谈恋爱。即使是单身，也不愿意将就和违背自己刚入行时许下的诺言。所以，我刻意跟她保持着距离。

一天，一个朋友给我打电话说他们学校准备举办一个和韩国交流的活动，需要一个韩语、英语都不错的同学，问我愿不愿意去。我随即回道："脑子不好使？你什么时候见哥看过韩剧？"他继续问："你人脉广，给推荐一个，赶紧的。"忽然，我想到了小路。

我给她打电话，她高兴地说："好啊好啊。"

一周后，她给我打电话，约我吃饭。

到了饭馆，我急问："你回来啦？"

她说："我就没去。"

我说："为什么？"

她说：“因为……我没有护照……”

没！有！护！照！

后来我才觉得庆幸，幸亏没去，因为她那韩语和英语真是半吊子水平。韩语除了“你好”“再见”能说得清楚之外，其余的就恨不得随便说一句语句不通的话加个思密达就结束了，骗骗我们这些韩语文盲还差不多。

那天在餐馆，她认真地跟我说：“龙哥，9月是我生日。你能陪我去丽江吗？我一直都想去。”

那时，我也喜欢旅游，只是，只有两个人一起，恐怕会有些不方便。我想了一会儿，问：“好啊，可是，我能带一个人吗？”

小路说：“嗯，好啊。”

三

我带的那个人是我的发小H。小路生日前夕，我们三个人兴冲冲地来到了丽江。没想到的是，一路上H和小路聊得很开心，根本不像第一次见面。发小H是一个不喜欢说话的人，尤其是见到女生时。我经常讽刺他说：“你就是《生活大爆炸》里面的Raj。”他笑笑，继续不说话。可那天，Raj竟然变成了话痨。刚到丽江，小路激动地看着天，说：“我终于到了丽江。”

她生日那天，我们喝得大醉，她说：“我们以后还会去其他地方玩吗？”

我说：“必须的啊。”

她搂着我们两个，说：“你们会一直陪在我身边吗？”

我们两个醉得一塌糊涂：“必须的啊。”

她继续说：“你们两个要是有了女朋友，一定要告诉我。我有男朋友也会告诉你们。然后那个时候，我们还要一起出去玩，可以吗？”

我们架着她，走在丽江的小道上，那时路灯很暗，昏黄的月光照亮了我们三个青涩的脸。我信誓旦旦地说：“放心吧，无论如何，我都不会离开你们的。”

她说：“说谎是小猪。”

我笑笑说：“等真有了男女朋友，遵守了才是小猪。”

四

回北京后，我们去过慢递给未来的我们写信；一起看过五月天的演唱会，哭得一塌糊涂；一起在后海酒吧聊过未来。那年，小路毕业，去了一家私企，工作性质是到处出差。我们两个也忙碌了起来，H 开始了朝九晚五的生活，而我除了上课，也开始拍电影。

虽然和他们见面不多，但那一年是我最幸福的一年。因为在拍戏的时候，认识了那个我最爱的女孩子。很快我们就在一起了。那是我单身许久后第一次动心，对我来说，许久没有的心动终于再次出现。和她在一起的第一天，我就发了朋友圈宣告自己单身结束。关于感情，一旦确定了，我就不喜欢藏着掖着。发朋友圈的那天，我问了发小 H：“要不要告诉小路这件事？”H 说：“说吧。”

我沉默了很久，问出了一直藏在心里的问题：“你觉得……她喜欢我吗？”

H 没有说话。

再次坐在一起的时候，我们聊天的气氛变得很尴尬。

H 在一边不说话，我也不知道说什么。小路打开僵局，说：“我们说好了，有女朋友就应该先告诉我一下。你为什么瞒着我，你以为我不知道吗？”

我说：“你不喜欢我，对吗？”

小路说：“别臭美了，我们只是朋友。”

那天，从灯光的反射中，我看见了她湿润的眼睛。

在她的眼中，我还是变成了小猪。

五

时间像上了发条，许久，我们都没有联系对方，我和 H 依旧是形影不离的好朋友。放假那段时间，我们一帮人去哈尔滨滑雪，其中包括我的女朋友和 H。那天晚上，H 借着酒劲告诉我们，其实，他喜欢小路。

我握着女朋友的手，说："我知道。"

他说："你是不是因为考虑我的感受，才不跟小路在一起的？"

我沉默了一会儿，看了一眼我的女朋友，说："不，我只喜欢她。"

他继续问："你喜欢过小路吗？"

我喝了一口手中的酒，说："没。"

H 扔掉手上的酒杯，一巴掌打到我的脸上，顿时，我觉得世界摇摆了。他抓着我的衣领，说："你为什么不喜欢她？她为你做了那么多。"

我沉默了。

一边的兄弟东看我被打，一把打翻了 H。我一看自己的兄弟打成了一团，赶紧站起来，拿起酒瓶碎在了地上，喊："要打打我吧！"

停手后，我们几个抱着一起痛哭。

谁也不知道为什么哭，为谁哭。但我们都明白，那段青春就这么过去了，像一支不会回头的箭。

H 在酒醒后跟我道歉，说不该打我。我笑笑，说："就你这性格，也会打人？不可能吧。"

他蹬鼻子上脸，说："对，我打的不是人。"

我笑着一脚踢了过去。

六

就这样，我们两个和小路走散了，相忘于江湖。本以为这就是故事的结局，可几天前，她在群里发了一个男生的照片，告诉我们："我找到男朋友了。"

我好奇地问："找到就找到，秀什么啊？"

她说："因为，我是一只小猪啊。"

H 说："等我找到，也要做一只小猪。"

我说："我已经是小猪了。"

其实，在我们的生活中，一定会有很多人擦肩而过。关于感情，总是有太多不确定的因素，你要在正确的时间、正确的地点遇见正确的人。任何擦肩而过的人都是有意义的，他们变成记忆，藏在内心深处，幻化成美丽的故事，虽然没有结果，但这更刻骨铭心。而上帝，在不知不觉中，在一次次擦肩而过后，安排了最美的结局。**青春的美好，想必就是由这样一个个动人的故事组成的，虽然曲折，却永恒。愿我们认识的人，都能幸福地在这个世界上活着，即使相忘于江湖，若能偶尔听到对方的消息，偶尔还能想起对方，就是那些青春故事最好的结局。**

最亲的人，最容易忽略他们的感受

一

这篇文字源于一个故事。

一个孩子和父母吵架，孩子一气之下离家出走了。他走了很远很远，走到了一个自己也不知道的地方。

一整天，他没有吃一点儿东西，于是去面店想要一碗面，被店主赶走了。

他去快餐店想要个汉堡，又被服务员赶走了。

他万般无奈，坐在地上哭。一个老太太路过，看见他哭，就递给他一个面包。

孩子一边吃面包，一边告诉了老太太自己为什么沦落成这副模样，说完，他跟老太太说："您真好，还给我吃的，我以后能不能跟您生活在一起？我能照顾您。"

他以为老奶奶会很感动，没想到的是，老奶奶一把抢过面包，发飙说："你不配吃这个面包。"

孩子震惊了。

老奶奶说："我只是给了你一个面包，你就感动到要照顾我，你想过你的父母吗？他们每天管你吃喝，无条件地对你好。而你呢，却为一点儿小事离家出走，你想过他们的感受吗？"

孩子醍醐灌顶，于是回到了家。从此，他用心地照顾着父母。

当一个人不停地、无条件地对你好，你往往会以为这是应该的，自然而然地忽略了他们的存在和感受，而一些陌生人忽然给予的温暖，却会让你记住很长时间。就像是一盏灯，它总是亮着，你不会觉得它亮，你潜意识里会认为，它就应该亮。可是，一盏坏了的灯忽然亮了，你会觉得这盏灯格外明亮。

所以，聪明的员工不会一直默默地奉献，他们会像这盏灭了的灯一样，告诉老板"我在为贵公司加班奉献"；聪明的父母不会无条件地溺爱自己的孩子，他们会让孩子明白自己才是未来的主人，告诉孩子"我们只是在帮助你"；聪明的情侣不会承诺"无论你做什么我都爱你"，他们会暗示对方这一切都是相互的，告诉彼此只有你爱我，我才会对你好。所以，很多人说，对于感情，谁先承诺，谁就败了。

二

2012年的夏天，好朋友Jane失恋了。

Jane是我认识的朋友中最漂亮的女孩子，追求她的人很多，最后她答应了她的师兄。我很欣赏Jane的一点，就是她一旦确定了感情，就不再跟任何人玩暧昧了，她一心一意地对他好，无论结果如何。

她放弃了所有的社交活动，为这个男生送饭打水，对他无条件地好。虽然过得拮据，但她很开心。她以为感情就是互相付出，可没想到的是，她的付出没有换来他们的相守，却换来了他的背影和一个劈腿的故事。他们分手的那天，Jane在北京的深夜里痛哭，眼泪不自觉地往下掉。她认为自己可能不会再有机会走出这段阴影了，毕竟，之前太爱了。

可是，要相信，时间是洗刷痛苦的唯一方式。这世上，没有谁离不开谁，只是时间还不够长，对的人还没有出现。

任何一段感情，即使再痛，也是能走出来的。每段感情留下的痛，都只是为了让你变成更好的人，然后遇到更好的另一半。

两年后，Jane走了出来，笑着跟我说："分手了就是分手了，不遗憾。"

我问："为什么会分手呢？"

Jane说："他那段时间找工作碰壁，不顺的事情太多，总是对我发火。后来，慢慢地变成了为一点小事儿都冲我发火。"

我说："这男的你是怎么喜欢上的？"

Jane说："他原来不是这样的。"

我说："然后呢？"

她说："他发火后有时候我假装生气，他还会过来安慰我。后来就变成我安慰他，久而久之，他变本加厉，我也无法忍受了。"

我说："一个男的，怎么总是跟自己最爱的人发火？"

她说："因为我对他太好了。因为他明白，无论他做什么，我都不会离开他。最终，他劈腿了。"

我愣住了。

这世上有多少感情，都败给了肆无忌惮；有多少爱，都输给了承诺。我经常回想，无论你现在有多爱对方，多相信你们的未来，都不要承诺任何事情。因为只要不承诺，每天都是惊喜；一旦承诺了，每天都是约定。

没人知道以后会发生什么，但是，当你保证了无论对方做什么，你都会对他好，这份感情，他不珍惜，你就输了个精光。

我在学编剧的时候，老师曾经跟我们讲过观众的心理。塑造人物时，如果他一开始是一个好人一直做好事，后来只要他做一件坏事就会被观众唾骂；反之，如果一个十恶不赦的坏人做了一件好事，观众就会觉得可以原谅他。所以，那个时候，我开始认为：感情也是一样，不要一直对别人无条件地好，要时不时地做一个“坏”人。

可是，Jane 的故事没有完。

故事的结尾，我问她：“那下次爱人，就不会这么幼稚了吧？”

可她笑着摇摇头说：“这不幼稚，尚龙，下次遇到好的，我还是会用尽全力的，说不定比上次更爱。”

三

Jane 说的话，让我感觉很温暖。因为从骨子里，我也是这样一个人。

我谈过三次不靠谱的恋爱，这“不靠谱”是我朋友评价的。

但这三次，我觉得是很靠谱的，即使没人这么觉得。每次我跟好朋友讲我是怎么用心的，他们只是淡淡地回一句：“呵呵，值得吗？”

隐约记得上一次恋爱，付出了全部，可是到头来，她的离开只有一句话：“我们不合适。”

她离开之后，我没有抱怨，只是默默地问了自己一句：“不合适你怎么不早说？让我努力了一年，接下来你告诉我，我的努力是白费的。”

恋爱那段时间，所有的好朋友都告诉我，这个女生不简单，让我不要太走心，免得被伤害。可是我只是回答：“至少自己全心全意，不后悔就好。”

分手后，朋友骂我幼稚。

那天和朋友喝酒，我几乎是哭着说：“下次遇到好的，我还会用尽全力去爱。”

其实，我坚信感情不用那么复杂，不用那么恶心，它可以很简单，你对我好我对你好就够了，不用学那么多心理学去钩心斗角。我坚信世界上有一个这样的人，在不远处等着更好的自己，只要自己还在“幼稚”着。

爸妈，我已经长大了，放手吧

在我身边，已经不止十个朋友跟我讲过这样的话：我想学这个专业，可是我爸妈逼着我考那个专业；我喜欢这个女生，但是我爸妈逼着我和那个女生结婚；我以后想干这个，但是我爸妈逼着我以后从事那个……

每次听到这些话，我都会想起我的美国朋友 Rachel。她在一家中国慈善机构工作，工作非常有意思，他们公司帮助那些被拐卖的卖淫女孩重新获得一项技能，比如学英语、补衣服。因为这些女人没有技能，被警察救出来后，发现没钱谋生，又回去继续卖淫。可是，谁想卖淫啊？警察只是把她们救出来，却无法使她们走回正确方向。这个公司几乎不盈利，靠着众筹和 NGO 补助活下来。对于员工来说，工资当然很低。好在她是一个外国人，可以在零碎的时间通过教英语赚钱。

一次吃饭的时候，我问她："Rachel，你为什么要做这样一份工作？"

Rachel 耸耸肩说："因为很好玩儿。"

我继续问："可是，你爸妈同意你做这些事情吗？"

Rachel 很疑惑地问："这是我的生活，为什么我要得到他们的赞同？"

对于美国人来说，他们一直觉得，父母只是生了我、养了我而已，凭什么干涉我的选择呢？在中国古时候就有这种自由主义思维。古人曾提出这样的观点：父母对孩子没有恩典，因为父母在没有通知孩子的前提下就把孩子生了下来，所以，父母应该对孩子抱有一份愧疚感。

这个观点，后来再次得到巩固。

因此，我在美国的时候，经常看见很多孤寡"空巢"老人，孩子一年难得回来看他们一次。那个时候，我明白了孝顺的可贵，也知道中国文化"养儿防老"的重要性。有时候我很难理解美国的家长，为什么不让他们的孩子陪在身边，可是他们说："他们有他们的生活，我们有我们的。"反观我们的文化，更让人容忍不了的是一些拿孝心当枪使的中国家长。

我身边有一个哈尔滨朋友，读了一所不太好的大学。大二那年，他实在受不了那里的学习，受不了身边的同学整日抱着电脑混时间，受不了在这个地方再浪费两年。于是，他自学了计算机，在中关村自己开了一个小门面帮别人修电脑，因为他修得很不错，又讲诚信，所以回头客很多。生意越来越好，也越来越花时间，因此在大三那年，他递交了退学报告。

他觉得既然什么也没学到，还不如现在就在商界拼出一条血路，至少这些是自己喜欢的。

他的父母得知后，连夜从老家的一个小镇飞到北京，在他的宿舍门口跪着，让他把书读完。

每次他讲到这些，都哭得跟一个泪人似的。

于是，他放弃了那个小店，继续了一年多的学习，拿了学位证。

可是，这个时候跟他一起开店的几个小老板，都已经雇上三四个员工，付了房子的首付了。

他想，反正自己还年轻，没关系，从头来呗。毕业后，他再次谈了一个店面，找了之前一起的合伙人，准备东山再起。

意想不到的事情又来了，他的父母在小镇上给他安排了一份工作——在税务局当一个科员。他很生气，回家问父母："为什么要一而再，再而三地给我铺路，而我又不喜欢？"他的父亲只是默默地说了两个字："稳定。"

他的妈妈说："你在外面不仅爸妈不放心，我们出个什么事儿你也赶不回来。这是我们两个人深思熟虑的结果，你还小，慢慢就知道爸妈是多么用心了。”

那天晚上，他们再一次发生了激烈的冲突。母亲再次跪在了地上，父亲则大骂：“我们生了你、养了你，你还这样对我们，不孝！不孝啊！”

……

现在的他，就在哈尔滨一个小镇的税务局过着安稳的生活。前些日子他来北京，跟我讲，现在他最开心的，就是单位谁的电脑坏了让他去修，修好之后有一种快感。

我说：“有没有想过再来北京折一把呢？”

他说：“没有。”

那天我们喝到很晚，他也跟我讲了很多。他的故事，我是征求他的意见后写出来的。其中印象最深刻的，是他告诉我的一句话：“现在我确实无忧无虑，但是我最恨、最怨的是我的父母。”

我不知道读这篇文字的你是怎么想的。父母给了我们很多，从我们学习到做人，从我们上学到工作，从我们的过去到将来。这世上，最爱你的人，就是那两位老人。可是为什么，很多时候，他们给我们设定的一条路，我们就是不愿意走，而矛盾就愈演愈烈呢？答案很简单，因为你长大了，而他们，还以为你是小孩儿。

父母为什么要强迫你做你不喜欢的事情，因为他们觉得，这是为你好。可是，他们忘了，你已经长大，世界也在变化，总有一天，你会明白谁是对自己最好的那个人。

他们的理由很简单："小时候你不愿意吃药，我逼着你吃，病才能好；小时候你不愿意读书，我逼着你学，你才能有今天。因此，现在你喜欢这个女孩子，她的背景不好，我逼着你和她分手，你才能遇到更好的；今天你喜欢做这份工作，但是不稳定，我逼着你换工作，你才能有更好的选择。毕竟，我吃的盐，比你吃的米还要多。"可是他们不知道的是，你选择的这份职业能让你过得很开心，你现在的伴侣能让你觉得自己很幸福。

父母的逻辑看似没有问题，可是，他们都是基于三个字："小时候"。现在，你已经长大了，只是他们不知道你已经长大了而已；世界变了，只是他们还不知道世界变了而已。因此，如果你想做自己喜欢的事情，不受他们的牵制，又不想让他们难受，那么你就要用他们的价值观告诉他们，你已经长大了。有个小故事，希望能告诉你一些什么。

一个作家前辈整天在家里写书，他的父母每次看见他在家里待着不去工作，都会很生气。因为在他们眼中，写书怎么养活自己，写书怎么获得社会地位，他又不是郭敬明、韩寒。他们认为真正的工作，最起码应该出门和人打交道，然后做点儿具体的事情。父母甚至给他介绍了许多工作，可是他都拒绝了。

看着他天天坐在电脑边上疯狂地码字，晚上睡得晚，早上起不来，父母终于怒了。矛盾几乎每天加剧，父母主动攻击。幸运的是，他的书出版的那天，父母的怒火竟然都消了。而现在，每次他写书熬夜的时候，母亲总会端来一杯牛奶，而父亲总在外面吹嘘自己的孩子是一个作家。

我开玩笑地问："你是不是把稿费给你爸妈了？"

他说："要是这样就好了。"

我说："那是为什么？"

他说："因为我知道我的父母喜欢毕淑敏老师的书，我托了很多人找到了毕淑敏老师，请她帮我作序。他们看到序竟然是毕淑敏老师写的,就知道我没有干不正当的事情了。我用他们能理解的方式，告诉他们我在做什么。"

的确，父母的价值观和我们的价值观一般不一样，而对于很多父母来说，他们已经不知道这世界上多了很多甚至他们都没听过的职业，也不知道在大数据下，人的生活和工作方式竟然有多种多样的类型。但在他们的价值观中，一定有和我们重合的部分，从这里打开突破口，间接地告诉他们：我做的事情，是我自己喜欢的，而且，我不小了，知道自己在干什么。

曾经一个朋友被父母安排了一个自己不喜欢的职业，和父母辩论无果，他离家出走，一个星期没有给父母打电话，消失了。父亲到处找他，给他的好友打电话，说：“你告诉他，只要他回来，干什么都行。”

他知道后，回来了。父母气得脸红。

可是，时间是化解误会的唯一良药。他回到了家，话不多，却过上了自己喜欢的日子，父母一开始生气，可逐渐看他这么开心，也慢慢知道自己当时思想的局限。后来，当他过得幸福，又在事业上有所成就以后，父母和他都笑了。

再看看那个回到哈尔滨的朋友的例子，他为了满足父母，过上了自己不喜欢的生活。父母是满意了，但是看见他脸上终日没有阳光，我想他的父母也在怀疑自己的决定，而他也终于在最后把自己生活的一切不顺心归罪于父母。

既然都和爱有关，为什么会有不同的结果？因为你从未在他们面前，认真地说上一句：“爸妈，我已经长大了，放手吧。”

善良的人，运气总是不会太差

我姐是一个喜欢丢三落四的人，同时她也是一个运气很好的人。她丢掉的东西，都是贵重而且关键的，可是，她总能遇见好人，把东西找回来。关于运气，我总喜欢把它归因于心态和性格，什么样的人，就能得到什么样的运气。一个斤斤计较、不求上进的人，运气不会好；一个善良的人，运气总不会太差。

一

第一次听说我姐丢东西，是她在美国读书的时候。美国人给的小费，其实就是对别人服务的赞赏和认同。我在美国没有养成给小费的习惯，有时候别人服务得很好，但为了自己的利益，也不愿意给别人小费。我姐不一样，她入乡随俗，如果手头宽裕，一定会给一点儿小费。她的原话是："有时候你给别人一点儿小费，自己不会损失什么，但对他来说就是灿烂的一天。"

那天在星巴克，她依旧给了那个端咖啡过来的服务员两美元小费。服务员很感动，说："你是今天第一个给我小费的人，谢谢你，祝你今天愉快！"我姐笑着点点头，继续写她的作业。

几个小时后，她已经写得晕头转向，收起笔记本电脑就匆匆走了。她打开星巴克的门，天已经黑了，美国的街道和中国不一样，晚上让人感觉不太安全。于是她加快了回家的脚步。殊不知，她刚买的iPhone（苹果手机）被她落在了咖啡厅里。当她反应过来的时候，已经回到了家里。无数重要信息都在那部手机中，加上经济拮据无法再购买一部手机，于是，她抱着碰碰运气的想法，硬着头皮回到了那家咖啡厅。

在路上，她想了很多可能会发生的状况，甚至失望地想过，即使丢了，也就认命了。

可当她刚打开星巴克的门时，那个服务员微笑着说："您丢手机了吧，我刚才追了一段路，没看到您。"

然后他拿出手机，递给了我姐。

她在回国后跟我讲这段故事的时候说："幸亏我给小费了，你知道吗，"然后她笑着说，"我的运气太好了！"

二

春节前夕，我陪着我姐从北京回家。春运那段日子，火车站人来人往，行李包裹堆满了通道，好不容易挤上火车找到了座位，我们很快就放松了下来。

回家的路途遥远，于是我们都拿出了笔记本电脑，写点儿东西或看部电影消磨时间。可能是拿笔记本电脑的时候太匆忙，她的护照也被抽了出来，掉到了座位下面。

几个小时后，我们下车了，谁也没有低头检查一下什么东西没有拿。

第二天，我姐在计划几天后出国旅游时，发现护照丢了，她先打给了铁道部失物招领处，那里说没有找到，于是她怀疑可能没有带回来。

因为着急，她准备在宝贵的春节假期飞回北京去拿护照，那几天父母的意见很大："怎么刚回来就要走，就这么几天假期还折腾这些事，白白地花那么多钱？"父亲甚至责备了起来，眼看年都没法儿好好过了。正在我们一筹莫展的时候，我姐登上了几百年难得上一次的人人网。人人网上一条私信映入眼帘："您好，您的护照丢了，请速和我联系。"

父亲很疑惑，说："这人怎么不按套路出牌，怎么不交给失物招领处？私下联系我们干吗？要钱吗？"

我姐依旧拨通了他的电话：“您好！我就是那个丢护照的人，太感谢您了！这个护照对我很重要。”她接着说，“这个对我很重要，您看什么时候在哪儿见面方便，我去找您，您别麻烦。”

第二天，在去火车站的路上，我们还在疑心这人是不是在图我们什么。于是爸爸买了一些礼品，让我姐带着。我跟在姐姐身后不远处，保护着她。而我姐只是笑笑说：“你们何必呢？干吗把别人想得这么坏！”

不久，那个捡到护照的人出来了。他是火车站的工作人员，因为看到我姐的护照上有美国签证，怕耽误她的行程，于是就选择了在人人网上私信她。

直到离开，他一直不愿意透露自己的姓名。在我姐多次强调自己是记者后，他依旧不想留下自己的名字，亦不愿收我姐带给他的礼物，就这样消失在了人海中。

几天后，我想起了他的人人网 ID（用户名），上面有他的姓名，但他不愿意透露，我也就不写了。在这里，感激他。

回家的路上，我姐一直在说：“还是好人多。我的运气真好。”

我说：“你运气一直很好。”

三

但世界就是世界，也总有运气不好的时候，一个人的运气不可能一直都那么好。那天我们去看电影，姐姐的手机从兜里滑落，等到电影结束回到家，她才发现手机不见了。

我们排除了手机在路上丢掉的可能，确定是在电影院丢的。可是打过去时，手机却关机了。我们焦急地赶过去寻找，在电影院门口，一个胖女人拦住了我们，她说："我们根本没看到手机。"

我说："那你让我们进去看看吧。"

胖女人一开始不允许，但在我们百般要求后，终于进去找了一圈，什么也没有。

我抓住一个保洁大妈，问："您有没有看到一部白色手机？"

大妈说："看到了啊！我放到前台去了。"

我再次回到前台，前台明明只有这个胖女人。可这女人只有一个答案："就是没有，没人放在这里。"

我大怒，要找那个保洁阿姨对质，可保洁阿姨已经下班回家了。我找来了那里的经理，大声吼叫着，粗鲁地辩解着。因为所有证据都表明，那个胖女人将手机私吞了。可我没看到赃物，更没证据，于是无能为力。我承认那是我为数不多失去理智的时候。我发怒不是因为丢了手机，而是人的贪婪心怎么这么恶心。明明不是自己的东西，捡到了凭什么装到自己的口袋里。

我闹着要看监控视频，可经理告诉我，我没有这个权利看。剑拔弩张的时候，我姐说出了一句话："那请问，谁可以看这个监控视频？"

经理说：“我要是你，丢了东西就认命。”

我姐说：“我认命不要紧，我们这个社会每次遇到不公平的事都认命，每个人都认命，这个社会成什么了？我们都是年轻人，难道没有责任让这个社会变得美好一些吗？”

经理也是个通情达理的人，一听都谈到社会责任的高度了，他忙说：“如果警察来了，我们配合调查。”

我注意到那个胖女人，脸都红了。

临走前，我们留了自己的电话，并跟他说：“如果有消息，请您给我们打电话。”

几乎是我们回到家的同时，电话响了，电话那边是那个胖女人：“您好，我们在凳子的夹缝中又找了一次，这次我们找到了，明天您看是否方便来拿……”

后来我再次回想起这件事，如果按照我的方法，就说是那个胖女人拿的，手机绝对找不到。可是我姐，用善良的方式，给了那个女人自己纠错的机会，同时也给了自己机会，最终找回了手机，双赢。

关于运气，众说纷纭。有人说是上帝的眷顾，有人说是前世修来的福气，有人说是科学必然的结果。但我一直相信，善良的人运气都不会太差，机会是留给有准备的人的，也是留给善良的人的。上帝不会让一个坏人走得太远，更不会让一个恶毒的人有超好的运气。关于生活，如果改变不了别人，至少，让自己永远善良、永远友好。

别纠结，学习形式不重要

我当老师这些年，最怕学生问我一个问题：“老师，怎么学英语？”

我脑子里一堆羊驼：“如果我能用一句话回答清楚，请问我为什么要开一个 20 小时的班跟你讲？”

每次遇到这个问题，我都会扒拉一下发型，潇洒地告诉对方：“好好背单词。”

结果，一个学生说：“怎么背单词才是最有效的呢？”

我无奈地说：“每个单词读三遍。”

结果意想不到的事情发生了。这个学生每天都把单词读三遍，然后告诉我：“最后我考试还是没过。是你告诉我读三遍的，我读了三遍还是没用，我还坚持了那么久。”

后来的一次机会，我对她进行一对一辅导，上完课后，我看着她凄惨的词汇量，问她：“你到底怎么背单词的？”

她拿出翻破的单词本，说：“就是按你说的，读三遍啊。”

我于是看着她读了十几个单词，然后让她合着书，读了第一个她读过三遍的单词，问：“这是什么意思？”

她挠挠头，说：“忘了。”

学习方法，是我们从小到大都在纠结的话题。我们报培训班也是希望能知道一套学习方法是对自己适用的。而市面上的所有老师都在传授“神奇”的学习方法，他们有些是“武林高手”，有些是“江湖人士”，他们告诉了你很多办法学英语，比如说早上起来晨读，比如说晚上睡觉前看一篇阅读，比如说把单词写在小纸片上，比如说……单词要读三遍。你用了，可对自己没用，是不是因为这些方法错了？不是，而是因为我们在学习中，太注重学习的方法，而忘记了学习的本质。有时候由于太纠结如何走，竟然连第一步都没有迈出去。这世界上，有多少人，为了第一步能走得潇洒霸气，却一辈子都没有迈出第一步。

只要我们最终的目的是把这些单词背下来，方法其实就没那么重要。学习跟其他东西不一样，你需要重视的，是结果。这世界上的学习方法那么多，你何必因为大家对这个老师的评价好而使用他的方法，却忘记了，适合自己的，才是最好的；能提高能力的，才是最好的。

在我刚开始当英语老师的时候，背单词的方法很简单，就是对着词典不停地一遍遍背。效率不高，经常背着后面忘记前面。后来我听很多老师说过，第一遍忘记很正常，那就再背第二遍，背第三遍。我坚持背第二遍的时候，逐渐发现挫败感太强，根本坚持不下来，意志力被打磨得一点不剩。于是慢慢琢磨，自己发明了一套方法，背了一遍单词后马上开始做大量的真题，把单词放在题目里背诵，当单词有了意义，背单词的效率就高了很多。那时，我经常嘲笑那些把单词书背好多遍的人，后来我见到了一位业内很牛的翻译，惊奇地发现，他学英语的方式，就是把单词书背好几遍，背了忘忘了背，坚韧不拔，成效颇佳。

那一刻我惊讶了，忽然明白了，所谓学习方法，其实没有什么固定的模式，适合自己的，才是最好的、有效果的。而我们在学习的过程中，从来不问今天我要学到点什么，只是刻意地追求学习的方法，却忘记了学习的目的。在这个世界上，哪有什么学习方法是适合每一个人的？所有的天才，都是不走寻常路，才变得卓越。甚至，每条路都能到达远方，多尝试几次，多听几方的建议，剩下的还是要靠自己坚强地走的。

正确的路，加上不停歇的步伐，总能走到终点。

你一直在想第一步怎么走得优雅，或者边走边怀疑自己走得不够完美，这样能到终点才怪。

每次学习的时候，你是否问过自己，今天要达到什么目标，要走到哪里。没有目的的旅行只能叫漫游，没有目标的学习只是看起来很努力。形式什么的，根本没必要纠结，适合自己就好。

我想起我的高中同学 Z，这家伙上课的时候从来不听讲，老师在上面讲课，他在下面玩儿俄罗斯方块。老师让自习，他在下面看漫画。平时不怎么爱讲话，考试成绩还特别好，班上同学都称他为天才。而我更加了解他，因为这家伙是我同桌。他此前的几个同桌，全是因为他，学习成绩一落千丈，于是老师换我跟他坐的时候，千叮万嘱："你千万别受他的影响。"

那时我学习特别刻苦，每天上课笔记记得超认真，下课还去问老师问题，但考试总是考不过他。我经常很困惑地问他："你到底怎么学习的？"

他笑笑，说："就这样啊，你也看见了。"

有时候被我问烦了，他简单地说："我回家学习很刻苦的。"

我很幸运，没有被他影响。因为我本身不算聪明，就只能每节课听讲，坚持问老师问题，做练习。

几年后的同学聚会上，我才知道，他的父母是高中老师，每天回家都会让他做很多习题……

所以，关于学习，形式和方法不重要，更没有什么固定的模式，关键看是否适合你，是否能学到东西，是否能从中受益。记住，不求目的的学习都是作秀，不问效果的努力都只是浪费时间。

摸清适合自己的方法，剩下的，就是埋头努力了。

别怕走弯路，走了弯路再调整一下就好，总比站在起点花那么多时间想如何走强。

加油！

Part 4

让读书成为一种习惯

每个人都有夜深人静孤单的时候，一遍遍地翻着电话簿不知道打给谁，

一遍遍地翻着朋友圈只是点着赞，或者一遍遍地搜索着电视频道。

这些无聊的时候，我们是否记得，

已经很久没有花两三个小时看一本书了。

书不会让我们暴富，不能让我们出名，但是能让我们内心深处充满安宁。

读书能让人富裕，但不一定能变得有钱

读《美国史》的时候，印象最深刻的是美国总统的收入。每个人的财产都是公开、透明的，令人惊讶的是，这些人都不算富裕，只是有着体面的工资而已，从政就好好从政，当然不会很有钱，赚钱是商人的事情。我曾经问过一个朋友，他叫 Mic，他是我在美国的朋友中最手不释卷的，走在路上时，手里经常还会拿上一本书。有一次我问他："为什么你读了这么多书，还是这么穷？"

他说："我不穷啊，只是没有钱而已。"

接着我问："你没钱不就是穷吗？"

他说："我不觉得人活着一定是为了赚钱，钱够花就行。读书是为了让自己充实，充实就是富裕，富裕可以没钱，因为富裕是精

神上的。要赚钱就去从商啊，读书就好好读书。”

我被说得迷迷糊糊的，坏坏地问：“你说了这么多，还是没钱。你读了这么多书还没钱，会不会觉得失落？”

他叹了口气说：“读书没钱，就对了。”

接下来他说：“要赚钱，去从商啊！”

我的朋友 A 是一个电影制片人，他的商业头脑惊人，收入非常可观。一次和他吃饭，偶然问到了他的发家手段。他说：“几年前，我听说房价要涨，立刻买了三套别墅，那时候我借了一屁股外债。后来，果然房价暴涨，我卖了一套别墅，用那些钱投资了一家电影投资公司，第一部电影赚了一千多万。接着，我就不停地投资电影，钱也越赚越多。”

我特别羡慕地看着他，说：“可是你懂电影吗？”

他说：“我又不像你学这个的，当然不懂。”

我说：“那你懂什么啊？”

他笑了笑，说：“我懂市场啊。”

他的话在我耳边不停地回荡，我明白了读书和暴富没什么关系。赚钱的道理很简单，两元钱买的东西，五元钱卖出去，重复地做，想办法地做，就可以了。读书只能增加自己的见识和增强文化积淀，是不能让你暴富的，但至少能让你拥有一个体面的生活和一份不错的收入。

我算是一个合格的读书人，喜欢读书、写字。写剧本的时候，经常是在深夜。有时候在第N次改动中，我的故事，结合了自己看过的多少书，历史、政治、文学、科技、心理……才终于创作完成。可是，一个好的剧本创作出来后，依旧和"富裕"二字没有什么关系。直到制片方走来，他们只是说："三万买你这个剧本，你卖吗？"

我最多会讨价还价一下："你看我写得这么辛苦，要不三万五？"

制片方说："成交。"

接下来，制片方组织团队制作、融资、拉广告、卖票，利滚利，花出去三万多，挣回来的却是十万。真正赚到钱的，是那些会做生意、会搞关系、会整合资源的人，而我们这些会读书的人，我们拿的只是体面的收入而已。

你也许会问："那你为什么不去制作、融资、拉广告、卖票，这样可以赚到更多的钱啊？"我的回答很简单："我不喜欢。"

记得当老师时，有一个我很敬佩的老师在课上说了一句话："我一个月如果努力上课，大概可以赚到两万。你们以为很多对吗？可我们家楼下卖麻辣烫的那个人，一个月赚的比我多。你们会问为什么我不去卖麻辣烫，因为我是读书人。"

注意，我不是强调读书人多么优越，而这恰恰是我今天要分享的主题：职业无高低。所有喜欢读书的人想必都喜欢安静地思考，都喜欢夜晚发呆，都喜欢安静的时候对自己发问："我想要什么样的生活？"他们都是一些有学问的人。有时候，钱多了，对一个读书人来说不算是太好的事情，因为赚钱需要牵扯的时间似乎更多，一天就那么 24 个小时，他们就没有时间去做自己喜欢的事情了。

我经常和朋友开一个玩笑，我说："我不喜欢钱，但是我爱钱。喜欢就是放肆，但爱是克制。"我说如果看书、写作能让我赚一百多万，那么我觉得很好，可是如果赚不到，我也不会伤心难过，毕竟现在的收入也能让我在这样的城市里勉强糊口。但如果让我赚一百多万的代价是没有了读书、写作的安静，没有了陪亲人的日子，没有了独处的时光，那么我想，这个钱，我还是不要去赚了。职业没有贵贱，你想做学问，就应该去读书。可是有时候我们过多地强调了"书中自有黄金屋"，过多地强调了读书是为了成功，而成功的标准其实很单一：赚多多的钱。于是才会有那么多人，读书读得很痛苦。

关于职业，其实没有贵贱之分。不能说做学问就一定比从商优越，也不能按照赚钱的多少来排名。我想起了唐中宗李显执政的时期，那个时期，商人属于最下等。可是唐中宗偏偏喜欢市井买卖热闹的场景，他让宫女装作讨价还价的妇女在长安街上转悠，让太监在长安街上摆摊卖物，一段时间下来，宫女逃跑无数，当了别人的媳妇儿。回到宫里，韦皇后大骂，说："你身为一国之君，怎么能和商人走得这么近？"李显却说："商人和读书人都是靠手艺谋生，为何要分高低贵贱呢？"

这个故事，当时被很多史学家作为批判李显执政马虎的案例。

但从另一方面来看，所谓职业，本就没有高低贵贱，只是选择不同而已。对我来说，我还是喜欢多读一些书，只是为了让自己能安静下来，即使以后可能会成为没钱的人，我还是不愿意用幸福去换钱。

但是，我身边有很多人，明明穷得叮当响，还在不停地读书，边读书边感叹为什么书中没有黄金屋。要读书做学问，就不会暴富，只会有一份体面的工作和得体的生活。你要看看，这样的生活你是否喜欢，这样的选择你是否满足，弄明白自己想要的，才能知道读书对你是否有用。

让读书成为一种习惯

一年前我搬家，除了一些衣服和一些必要的家具，剩下的居然是满满三大箱子的书。朋友拖着箱子的时候抱怨："要不丢了吧，又不是什么宝贵的东西，以后再买。"

我说："这些东西是我最宝贵的财富了。"

这些年，如果是我认为的好朋友，我都会送他一本书，而不是送什么烟酒。每次在我送书的时候，都会观察对方的表情，如果朋友脸色变了，下次我就会送烟酒或者古玩字画。但是，这位朋友我可能就不会往自己内心放了。

每个人都有夜深人静孤单的时候，一遍遍地翻着电话簿不知道打给谁，一遍遍地翻着朋友圈只是点着赞，或者一遍遍地搜索着电视频道。这些无聊的时候，我们是否记得，已经很久没有花两三个小时看一本书了。书不会让我们暴富，不能让我们出名，但是能让我们内心深处充满安宁。读完书写写笔记，问问自己从这本书中得到了什么，一些好的文字，可以去看第二遍。你会明白，内心的安宁和充实才是对你来说最重要的东西。

我经常会被问这样的问题："龙哥，你一般读什么书？你能不能推荐一本改变你人生的书？哪本书才是对我有用的？……"你知道吗，我读的书都是我喜欢的，如果一本书你不喜欢，就不要去读。直到今天，我都没有读什么《论语》《左传》，因为看不懂。更不可能有一本书能改变你的人生，一个人的价值观是靠无数的阅读和阅历才建立起来的。谁也不知道哪本书有用，既然你不知道哪本书有用，唯一能做的，就是去读书，书籍一定能潜移默化地影响你。

半年前我和一个朋友吃饭，朋友是香港的公务员，贷款买了房子，经济窘迫，为生活奔忙。他说："为什么我们读了这么多书，还过得这么苦？"

我说："这很正常，因为谁也没说过读书能让人暴富。你想赚钱，就去搞房地产吧。"

朋友说："可是小的时候父母都告诉我们想成功，就要多读书。你看我都读了博士了，照样还是没成功。"

我说："那是因为，你以为成功是赚很多钱。其实，成功是内心的安宁和平和。”

直到今天，我还会在睡觉前翻几页书。如果不做这件事，总觉得生活少了些什么。希望你也一样，把读书当作一种习惯。习惯决定性格，性格决定命运。

近期书单：

《蛙》，读完畅快淋漓。一些历史总要有人记下来。

《活着》，余华笔下旧中国的生活，我们这一代总要明白的过去。

《第七天》，余华新作，七个中国现状的故事。

《狼图腾》《重返狼群》，草原的魂，其实是狼，只是我们已经忘记了腾格里所刻画的草原生活。

《我不是潘金莲》，刘震云通过一个小故事映射的中国现状，通过一个妇女上访的故事，讲出了每个人内心深处想说的话。

《看见》，柴静采访经历的杂文集。

《目送》，龙应台文笔细腻。

《我不是教你诈》，刘墉作品，在这个社会中，你怎样才能出淤泥而不染，一些规则，你需要明白，才能不让自己变成自己讨厌的模样。

《拆掉思维里的墙》，很荣幸能和古典老师做过同一件事情——当英语老师，也很感谢能和他一样在当老师之外都能对生活有另外的追求。看完后才发现，原来人可以这么活。

《乖，摸摸头》，其实这个世界上一定有人，过着你想要的生活，那些游子、侠客、背包客……这些人带着我们的理想，变成了理想的自己。

《一地鸡毛》，简直是官场现形记。

《全球通史》，能让高度瞬间提升的一本历史书，有些枯燥，但真的很棒。

《追风筝的人》，无论在人生的哪个阶段，不要做让自己后悔的事情，下次告别记得用心些，因为有些人一旦分别，可能一辈子都见不到了。

《平凡的世界》，对我们这一代人来说，故事情节可能已经没有太大用了，但能让我们知道那段历史。

这些书，如果你喜欢，记得写书评告诉我，希望一本书，能让我们相识。

另外，附上大家问得最多的几条读书细节，如果你已经开始了读书生涯，那么分享给你：

1.在看一本书的时候，问问自己，你想从中得到什么，然后带着问题去翻阅目录和文字。

2.如果一本书读了三分之一了，你还不知道在讲什么，就放手吧。

3.一本书不要超过一周读完，否则时间太长的话容易读了后面忘记前面，造成无效阅读。

4.读完一本书后，如果觉得是好作品，第二遍才是真正的阅读。

读《一只特立独行的猪》有感

读王小波的书，是在几年前，当时被炒得疯狂的三部曲：《黄金时代》《白银时代》《青铜时代》。据说这三部曲是搞文学的人的最爱，我硬着头皮读完了《黄金时代》。它给人的感觉很有意思，写情爱这样的话题很不容易。但是到底在写什么，我还真没看懂。不久，一部许鞍华导演的同名电影《黄金时代》上映了。虽然小说和电影没什么关系，电影票房也一般，但却让我再次把王小波的书看了一遍。我经常觉得，我们这一代人，是永远不能明白上一代人那种绝望和辛苦的，毕竟没有经历过，当然无法读懂那三部曲的优秀之处，至少我是这样觉得的。无论是读莫言的《蛙》，还是读余华的《活着》，又或者读刘震云的《温故一九四二》，里面都透着一个主题“吃”。这个字是那个时代所有人都在担心的问题。我记得小的时候，父亲跟我说，因为他小时候家里没有油，饿得眼睛看不见东西，后来奶奶借了一点儿油回来，父亲的眼睛很快就好了。这个故事听起来让人很难过，我能从内心明白，因为那个时候我正在考虑如何去减肥。我们这个年代的人，相比那个年代的人，真是幸福得多。因此，我经常跟我的学生和朋友说：“我们这一代人，没有什么血泪人生，很多痛苦都是因为矫情。比如没有被人认可，或者是失恋了，或者是莫名其妙地情绪低落。其实这些又算得了什么？”

我曾经在写一个剧本的时候，关于主人公家长的回忆部分迟迟无法下笔，他的家长是20世纪60年代的人，对这个世界的看法肯定和我们不一样。因为我根本弄不明白，这个家长过去到底经历了什么。于是我翻阅了路遥老师的《平凡的世界》。很多名词如“大锅饭”“人民公社”“大字报”等顿时让我觉得陌生又熟悉，熟悉是因为我在历史教材中读过，陌生是因为我从来没有经历过，更不理解其中深刻的含义。那天我给父亲打电话，问：“能给我讲讲吗？”

父亲说：“那都是历史了。”

我说：“但我想写这些。”

父亲不耐烦地说：“你写什么写，写好自己的鸡汤文就行了。”

我本来准备反驳我写的不是鸡汤，但父亲的最后一句话打断了我的想法：“你记着，你现在写的是自己和周围人的生活，几十年后，也会是厚重的历史。所以，别再往前扒了。”

从那时起，我的故事中很少有过去的东西，毕竟我不熟悉，也不可能写好，但我依旧喜欢去看看那段厚重的历史。说实话，王小波的书是最难懂的，他的三部曲看下来，简直就跟当年看沈从文的《边城》一样，会让人完全崩溃。后来才明白，其实沈从文和王小波还真不一样，至少，在王小波的作品里面，没有对现实妥协的影子。

直到前些时间，读完了王小波的杂文集《一只特立独行的猪》。第一篇文字我很喜欢，他说他从未见过一只猪可以这么藐视这个世界的条条框框。从那时我开始明白，如果说王朔、韩寒的作品是在讽刺这个世界的各种形态，那么王小波的想法只有一个，就是这个问题对他来说，压根儿就不存在：我不能写不让写的，又不想写大家都写的，那我还不如写和这些无关的。从他的作品中，我读到了自由，读到了一个自由人应该追求的那个东西：远方。

这让我想到了很多人，他们都独立于这个世界的体系，但又没有离开这个世界的规则，更没有丢失自己。他们特立独行，桀骜不驯。他们的生活过得很让人羡慕，举个例子：一个朋友是个主持人，在电视台工作，非常喜欢旅行，也非常不靠谱。但大家都很喜欢他，原因是他每次旅行回来都给大家带好多好吃的。谁都知道，他是一个浪子，出生在丽江，长期游玩在西藏，开了几家酒馆全部倒闭了。但迫于生计，他不得不谋生，每周主持两次节目，雷打不动，有一些粉丝。但他的朋友圈，从来都没有发过台下面有无数观众，而他在台上闪亮的照片。见过最多的，是那些令人向往的风景照。曾经他的一个观众，因为向往他的生活，跟他说："我想辞职，然后跟你一样，漂泊到远方。"结果被他臭骂一顿。

他说："你拿什么浪迹天涯，你有工资吗？"

他继续说："盲目地辞职、退学，一味地浪迹天涯跟一味地朝九晚五有什么区别？没钱谈什么浪迹天涯、谈什么旅行？真正的勇士要调整好工作和旅行的关系。"

我很喜欢他说的这段话。其实真正的高手是"特立独行的猪"，并不是去逃避这个世界，而是知道这个世界的规则，但有能力游离于这个体系之外，有智慧地区别自己想要的和不得不做的。他们不阿谀奉承，更不愿意被世界改变；他们会做自己不愿意做的，只是为了以后更好地去做自己愿意做的。他们像浪迹天涯的游子一样，但也知道这个社会的规则。过这样的生活，其实很难。我的总结是，做这样的人，你需要有这样几个特征：一是拥有一技之长，让自己无论去哪儿都能赚到钱；二是不去从政，人事太复杂；三是明白自己想要的生活，坚定地去追。算下来，这样的人，还真的很少。

看完王小波的《一只特立独行的猪》后，除了感叹他的强大知识体系外，更喜欢他的写作风格，自由独立。想在这个世界上自由自在地生存，很难，除非你足够强大。姜文导演的《让子弹飞》中有一个片段，王麻子拿着官令说："这个能赚到钱吗？"老汤说：

“能，要跪着。”王麻子继续拿着枪说：“那这个呢？”老汤说：“能站着，但是赚不到钱。”有时候世界也是这样，最幸福的人，能站着把钱赚了。而这样的人，得有多强大的内心。曾经看过罗琳的访谈，她说：“人最幸福的，就是做自己喜欢的事情，还能谋生。而很多人，做着自己不喜欢的事情，度日如年，或是做着自己喜欢的事情，却发现它无法谋生。二者都能兼顾，是需要有强大的内心的。”

但如果不能决定自己的生活，那么，至少要能决定自己的心态和心情。

这样，才能做一个特立独行的人。

Unbroken（《坚不可摧》）

第一次看 *Unbroken*（《坚不可摧》）这本书的时候，是一年前的一个晚上。对于任何战争题材的书籍，无论是真实的历史故事《珍珠港》，还是具有讽刺意味的 *Catch-22*（《第二十二条军规》），我总是不愿意用心去读。学电影的时候，我看过一些战争片，很多人喜欢那些指挥官在纸上指点沙场、呼风唤雨，在地图前面气势如虹地发号施令。可我清楚地知道，任何的战争，都是人民的灾难；任何一个军事计划，都可能造成无数生命的陨落，这一点儿也不威风。战争都是洪水猛兽，是利益集团的欲望造成的政治惨状，不管怎么包装，都让人不舒服。算了，跑题了。看劳拉·希伦布兰德的作品时，我可能还小，没有理解 Zamperini（主角）传奇的一生。本以为草草地阅读后便和这部作品擦肩而过了，好在安吉丽娜·朱莉终于拍出了*Unbroken*（《坚不可摧》）这部影视作品，当我再次用这种方式接近Zamperini的一生时，却深深地被他那种对生命和信仰的执着打动了。

主人公从小是一个跑步爱好者，意大利移民，奥运会种子选手。可就在事业上升期，“二战”爆发了，他摇身一变，成了投弹手。战争时，Zamperini团队的飞机有两个引擎同时坏了。一行六人坠入大海，只有三个人幸存，他是其中一个。在海上的日子，他们在皮艇上吃光了食物，没有水，被烈日晒得皮开肉绽，身边就是鲨鱼。在那四十多天里，他们生吃海鸥，活吃鲨鱼，他们遇见过海啸，就在几乎绝望的时候，下起了大雨，他们喝到了淡水。一天，一架路过的飞机让他们看到了希望，他们招手、欢呼、发信号弹。可是没想到，那竟然是一架日本飞机，飞机瞄准皮艇发射子弹。三个人慌忙跳水，水下是鲨鱼，水上是子弹，他们不知道自己会遇到什么危险，只是凭借着对生命的渴望再次活了过来。醒过来的时候，另一个战友，因为看不到希望，到达了极限，离开了世界。随后的事情，他们更没有想到。

他们一次次地睡过去，又一次次地醒过来，在海上迷迷糊糊地漂浮着。直到有一天，当他们睁开眼时，发现救走他们的竟然是日本战船。就这样，他们成了俘虏。Zamperini在集中营受尽了羞辱、打骂，日军的一个军官长期对他进行惨无人道的虐待。战争结束后，他依旧无法忘记那段让他痛苦的日子，长期做噩梦，他的妻子给他传递福音，于是他成了一个虔诚的基督教徒，信仰让他走到了最后。

战争结束后的几年，他只身一人来到了日本，他发扬了基督教精神，原谅了那个虐待他的日本军官，可那个军官直到死去，依旧没有见他。Zamperini 终于在 80 多岁的时候，实现了自己的梦想，他跑在东京的街道上。那时，他隐隐约约地想起了年轻时那个没有实现的梦想：来东京参加奥运会。

2014 年，八旬老人与疾病作了四十多年的斗争，Zamperini 最终还是离开了人世。安吉丽娜・朱莉说这是她的遗憾，是整部影片的遗憾。老人走的时候很安详，就像什么也没有发生过，就像忘记了所有对他的伤害，就像“二战”时折磨他的人从来都不存在一样。这种遗忘，忽然让我想到了斯蒂芬导演的《菲洛梅娜》，老人在临终前原谅了对她造成伤害的所有人。要知道，报仇简单，可是，原谅，从来没有那么容易。

其实，想把任何一个好的小说改编成电影，都是具有挑战性的。但好在可以让更多的人知道这个好的作品和这个难忘的故事。Zamperini 的经历是我们谁也没法儿复制的。但是，这本小说直到今天有两点是让我一直无法忘怀的：原谅和不忘初衷。对任何宗教和信仰来说，报仇都不是最佳的选择。曾经看过吕克・贝松编剧的《飓风营救》，当主人公把所有坏人全杀死的时候，确实觉得心情大好、大仇已报。可是，真正的生活不是这样的，冤冤相报何时了，恨的反义词，其实是遗忘，是原谅。

在如今的生活中，我们很少能有什么深仇大恨了，但是在互联网的笼罩下，人和人的冲突变多了。在网上，动不动就能看到两个人对骂，恨不得立刻拿刀把对方砍死。静下心来后才发现，何必呢？原谅，不仅仅是有信仰的人的专利，更应该是所有想要得到幸福之人的必经之路。

Zamperini经历的那些苦，是我们这代人再也没有机会体会的。其实，上一代人的很多痛苦，都是我们没法体会的。那时的“上山下乡”，那时的饥荒……每次读到《温故一九四二》这样的作品，都会觉得，我们活在了一个幸福的时代。这一代人，谁也不能说自己经历过什么血泪人生。可是，连那一代人都不忘梦想，我们这一代人为何还有人活得像行尸走肉呢？我想起了父亲给我讲过的一个故事：恢复高考的时候，已经有很多知识分子忘光了自己学习过的知识。父亲的一个同学，在别人“上山下乡”认为读书无用的时候，一直在苦学俄语，没人知道这些知识以后能否用得上，但是他愿意相信读书是有用的。那年，只有他和我的父亲，高考考出了那个村庄。

关于梦想，我一直不相信努力就能成功的套话。但是，这不代表我们就应该自暴自弃，人总要坚强地为自己的理想奋斗，只要你还记得当年的梦想，那么你就没有变老。就像Zamperini奔跑在东京的街道上，那时，他是多么闪亮、多么年轻，谁又能说，他老了呢？

Unbroken 这本书，强烈推荐。

后　记

谢谢你读完了这本再版书。

在一次论坛上，主办方问了我一个问题：你认为经典和流行有什么区别?

我的回答很简单，也和别人都不一样：只要是自己喜欢读的，就是好的，流行和经典，只能交给时间来评判。

这些年，这本书一直在畅销，始终排在励志书排行榜的前几名，书里面的文字遍布在微信里，传播到每一个角落，我也被冠上了“鸡汤作者”“流行图书作者”的头衔。

其实，我不介意，毕竟，只有时间能证明一切。

有读者问我：“当有人嘲笑我读的是鸡汤书时我应该怎么办？”

我说：“不怎么办，你可以耻笑我读书，而我永远不会耻笑你不读书。”

就像我再也不会去介意一些没有读我的书的人评价我的书是鸡汤一样。

因为这些年，我逐渐明白：成长，是一件很私密的事情，也是自己一个人的事情，每个人，都要学会独自长大，每个人都要学会独自成长。

因为痛，所以才是青春；因为被误解，所以青春才格外有意义。

这本书之后，我又写了两本书，分别叫《你所谓的稳定，不过是在浪费生命》和《你要么出众，要么出局》，至此，我的青春三部曲算是画上了句号，而我也进入了中年。

好在，文字留下的，是那时的青葱，是年少时的懵懂，是动人的眼泪，也是微笑着的苦痛。

回到经典和流行那个问题，我不知道自己的文字会不会有一天被视为经典，就像我们不知道自己的青春是否值得、爱情是否正确一样，但我们都明白，时间会证明一切。

时间像是把刀，割碎了回忆，杀死了美好，但时间也像水，冲淡了痛苦，洗净了心灵。

无论是经典还是流行，无论对和错，无悔就好。

愿我们青春无悔。

作者简介

嗨！大家好：

我是这本书的作者，我叫李尚龙，小伙伴们都叫我龙哥。

晚上睡不着的时候喜欢写点文字，坐在马桶上的时候喜欢思考人生。

周末我是一个英语教师，平时是编剧、导演，

夜幕降临时我是一个暖心的宅男。

这本书中的很多人，

我用文字去解说他们的烦恼，

努力去寻找每个人身上的优点，

写成一个个完整的故事，

带给你们一个个不流俗的观点和一个个不算模糊的答案。

假如你们从中看到了自己的影子，

只希望你们安心过你们的日子，

或者会心一笑。

不必努力去纠正自己，

其实我和你一样，也会孤单，也会坚强。

喜欢我的小伙伴，请关注我的微博@尚龙老师，和我聊天，也可以关注我的电影工作室微信 lslmoviegoers。

《你只是看起来很努力》——不是否定你努力，而是希望你找到合适的方法，少走弯路，让那些忙碌变得有价值，变得有意义。

图书在版编目（CIP）数据

你只是看起来很努力 / 李尚龙著. — 北京：北京联合出版公司, 2017.9（2021.1重印）
ISBN 978-7-5596-0878-9

Ⅰ. ①你… Ⅱ. ①李… Ⅲ. ①成功心理—通俗读物
Ⅳ. ①B848.4-49

中国版本图书馆CIP数据核字（2017）第204699号

你只是看起来很努力

作　　者：李尚龙
出 品 人：赵红仕
责任编辑：丰雪飞

北京联合出版公司出版
（北京市西城区德外大街83号楼9层　100088）
三河市冀华印务有限公司印刷　　新华书店经销
字数195千字　880毫米×1230毫米　1/32　10印张
2017年9月第1版　2021年1月第12次印刷
ISBN 978-7-5596-0878-9
定价：45.00元
